Annemarie Eigner

Schleswig-Holsteins alte Bauerngärten

Husum

Umschlagbilder: Zentraler Mittelweg mit Staudenrabatte eines Bauerngartens in Scheggerott/Angeln (vorne); die Apotheker-Rose als Zierde eines Gartenzauns in Mannhagen/Lauenburg (hinten)

Die Deutsche Bibliothek – CIP-Einheitsaufnahme

Eigner, Annemarie:
Schleswig-Holsteins alte Bauerngärten / Annemarie Eigner. –
Husum : Husum Druck- und Verlagsges., 1993
ISBN 3-88042-635-X

Satz: Fotosatz Husum GmbH
Druck und Verarbeitung: Husum Druck- und Verlagsgesellschaft
Postfach 1480, D-25804 Husum

ISBN 3-88042-635-X

Vorwort

In den Jahren 1987 – 89 habe ich im Auftrag des Landesamtes für Naturschutz und Landschaftspflege eine Erfassung traditioneller Bauerngärten in Schleswig-Holstein durchgeführt. Auf der Grundlage dieser dreijährigen Arbeit konnte das vorliegende Buch entstehen und mit finanzieller Förderung durch das Landesamt in Druck gehen.

Hierfür möchte ich dem Landesamt meinen ganz besonderen Dank sagen.

An dieser Stelle möchte ich auch all denen meinen Dank aussprechen, die mich bei meiner praktischen Tätigkeit unterstützten. Dieser Dank gilt in erster Linie den Gartenbesitzerinnen und -besitzern, die mir die Bitte nicht abschlugen, ihren Garten in meiner Erfassung aufnehmen zu dürfen, und mir freundlich die gewünschten Auskünfte gaben; aber auch all denen, die mir einen Garten vermitteln oder sonst wichtige Hinweise geben konnten.

Hier wären Frau Dr. Christine Gerlach, Mönkeberg, Frau Maike Johannsen, Schulensee, und Frau Karin Strohbeen-Hansen, Engelau, zu nennen, die mir nicht nur behilflich waren, sondern sich darüber hinaus auch bereits mehrfach öffentlich für die Pflege von Bauerngartenkultur und -tradition eingesetzt haben.

Herzlich danken möchte ich auch Herrn Dr. Hans-Helmut Poppendieck aus Hamburg für wertvolle Literaturhinweise, des weiteren Frau Ilse Drews aus Jersbek, dem Ehepaar Heike und Paul Petersen aus Lüchow, Herrn Ernst Bruhn aus Itzehoe, Frau Helga Schwartkopp aus Bahrenfleth, Herrn Edzard Glagow aus Köthel und Frau Riewerts aus Süderende/Föhr. Sie alle haben das Projekt „Bauerngärten in Schleswig-Holstein“ durch persönliche Empfehlungen und Vermittlung von Gärten sehr engagiert gefördert.

Ein letzter herzlicher Dank gilt Herrn Dr. Fridtjof Ziesemer und insbesondere Frau Bettina Watermann für die kritische und hilfreiche Durchsicht des Manuskripts.

Einleitung

„Irgendwie sehe ich unseren Garten plötzlich in ganz anderen Dimensionen!" bemerkte eine junge Frau, zukünftige Erbin eines 1774 in der Störniederung errichteten Hofes, als ich mich nach meinem dortigen Gartenbesuch verabschiedete. Es war der letzte Garten, den ich während meiner dreijährigen Bauerngarten-Erfassungstätigkeit kennengelernt hatte, und bezeichnenderweise trafen diese Worte ein wichtiges Ziel meiner Bauerngartenarbeit.

Dieses Ziel besteht darin, die Sensibilität der Besitzer und ihr Interesse an alter bäuerlicher Gartenkunst zu fördern und darüber hinaus auch zur öffentlichen Wertschätzung eines traditionsgeprägten Gartens zu gelangen. Nur mit einem geschärften Blick für historisch Überkommenes lassen sich verbliebene Reste alter Bauerngartenstrukturen und alte Pflanzensortimente erhalten, bevor sie gedankenlos ausgeräumt werden, wie es heute leider die Regel ist.

Zu den bedauerlichen Begleiterscheinungen des landwirtschaftlichen Strukturwandels der Gegenwart gehört zweifellos auch das oft kaum bemerkte Verschwinden der nach alter, überlieferter Form angelegten Bauerngärten. Die Gründe hierfür sind vielfältig. Veränderte Ernährungsgewohnheiten, Altersgründe, mangelnde Zeit und Arbeitskraft scheinen hier – wie die zunehmende Spezialisierung der bäuerlichen Wirtschaftsweise überhaupt – eine gewichtige Rolle zu spielen. Dabei sind die reichhaltigen, prachtvollen Gärten alter Art Zeugnisse einer bäuerlichen Kultur- und Lebensweise, die sich über einen jahrhundertelangen Zeitraum entwickelt haben. Im Gegensatz zu den Bauernhäusern und den alten bäuerlichen Geräten, die heute glücklicherweise in vielen Freilichtmuseen der Nachwelt erhalten sind, blieb der Wert der Bauerngärten lange unbeachtet, obwohl Haus und Garten von jeher eine Funktionseinheit bildeten. Erfreulicherweise läßt sich heute vielerorts ein zunehmendes Interesse an den traditionellen Bauerngärten feststellen. Dieses Interesse ist teils von nostalgischer Art und teils als begründbare Gegenbewegung zu den veränderten heutigen Lebensbedingungen zu deuten.

Hierzu seien aus der Schwetzinger Resolution zum Denkmalschutzjahr 1975 des Symposiums „Historische Gärten" die ersten beiden Punkte zitiert:

1. „Historische Gärten sind unverzichtbare Bestandteile des kulturellen Erbes Europas und ein Teil der Vielfalt und Unverwechselbarkeit unserer Umwelt in Stadt und Land.
2. Diese Anlagen sind besonders gefährdet, weil sie weder als Kunstwerke noch in ihrer Bedeutung für das Gemeinwohl in vollem Umfang bekannt sind. Die Folge davon ist, daß in allen europäischen Ländern noch immer zahllose wertvolle historische Gärten und Anlagen zugrunde gehen."

Die Resolution endet mit einem Aufruf an die gesamte Öffentlichkeit, sich mehr als bisher der historischen Gärten anzunehmen, „sie und ihre Umwelt zu schützen, für ihren Erhalt zu sorgen und ihre Ausstrahlung zu beachten". Diese seinerzeit auf die Fürstengärten bezogenen Feststellungen lassen sich uneingeschränkt auf die Bedeutung der Bauerngärten übertragen.

Erforschung

Die frühen Bauerngärten sind meines Wissens niemals original beschrieben worden; weder von den Menschen, die sie angelegt, geliebt und gepflegt und so in ihrer vollen Bedeutung erlebt haben, noch von anderen Zeitgenossen.

Die Geschichte des Gartens im allgemeinen ist literarisch gut belegt, während die Quellen zum Thema „Bauerngarten" nur spärlich fließen. Man ist auf alte Urkunden, Pläne, Chroniken sowie bildliche und beschreibende Darstellungen angewiesen, um sich ein annäherndes Bild eines ursprünglichen Bauerngartens zu machen. So führt die Bearbeitung des Themas „Bauerngarten" zu einem breitgefächerten Komplex, an dem die unterschiedlichsten Wissensgebiete, wie Botanik, Gartenkunst, Geschichtswissenschaften, Soziologie und besonders auch Heil- und Volkskunde sowie die Belletristik beteiligt sind.

Zur Frage nach der Ursprünglichkeit heutiger Bauerngärten bemerkt Alfred Hauser, ein hervorragender Kenner der Bauerngärten in der Schweiz: „Der alte Bauerngarten ist, obwohl ein Kulturdenkmal ersten Ranges, noch wenig erforscht. Seine Spuren sind längst verwischt, die Pflanzungen verschwunden. Nur wenige Gärten haben sich dank der Überlieferung bis zum heutigen Tag erhalten." Diese Feststellung deckt sich mit den Verhältnissen in Schleswig-Holstein.

Zu der kulturhistorischen Bewertung von Bauerngärten tritt der naturwissenschaftliche Aspekt, der ausführlich erstmals gegen Ende des 19. Jahrhunderts von den beiden Kieler Professoren Paul Knuth und vor allem Richard von Fischer-Benzon aufgegriffen wurde. Beide haben sich um die Erforschung der Bauerngartenflora in Schleswig-Holstein und um ihren regionalen Bezug große Verdienste erworben. So waren ihre Beiträge auch für mich bei der Erarbeitung der später noch vorzustellenden „Neuen Bauerngartenflora für Schleswig-Holstein" von großem Nutzen.

Erhaltung

Durch die Forderung nach Erhaltung der Artenvielfalt gewinnen die Bauerngärten heute wieder an Bedeutung. Gerade am Entwicklungsbeginn eines neuen Wissenschaftszweiges, wie der Gen-Technologie, muß das Bewußtsein dafür geschärft werden, daß die Erhaltung historischer Kulturpflanzen notwendig ist. Mit dem Anbau regional und klimatisch bewährter, alter Kulturarten und Landsorten sowie mit dem breiten Artenspektrum ihrer prächtigen, historischen Zierpflanzen und schließlich auch aufgrund ihrer vielfältigen positiven Auswirkungen auf Mensch und Natur können insbesondere die Bauerngärten hierzu einen Beitrag leisten.

Das Wissen und die Fertigkeiten, die in einer traditionsreichen bäuerlichen Gartenkultur zum Ausdruck kommen, sind so vielfältig, daß sie über das botanische Interesse hinaus ein erhaltens- und schützenswertes Kulturgut darstellen, das möglichst auf freiwilliger Basis in *gelebter*, nicht musealer Überlieferung den Nachkommen erhalten bleiben sollte. In den 80er Jahren ist eine reichhaltige Literaturauswahl zum Thema Bauerngarten erschienen. Fast allen Autoren ist daran gelegen, den Bauerngarten als Gartentyp neu zu beleben, indem sie den Leser anleiten, einen „typischen Bauerngarten“ anzulegen. Doch diesen „typischen Bauerngarten“ nach einem einheitlichen Schema, scheinbar gültig für alle Landschaften Deutschlands, gibt es nicht! Nur wenige Autoren, wie Widmayr (1984), Dittrich (1984) und Nowak-Nordheim (1982), stellen regional unterschiedliche Gartenpläne vor. Gerade bei der Gestaltung des Gartens sind regionale Besonderheiten von Bedeutung. Auf Seite 142 soll näher auf diese Frage eingegangen werden.

Bestandserfassung in Schleswig-Holstein

Das hier vorliegende Buch gründet sich neben einer Abhandlung zur gartenkunstgeschichtlichen Entwicklung in Schleswig-Holstein in seinem zweiten Teil auf die Auswertung einer Bestandserfassung von traditionellen Bauerngärten, die ich von 1987 bis 1989 in Schleswig-Holstein durchgeführt habe. Zu dieser Gartenerfassung sollen nachstehend einige wichtige methodische Erläuterungen gegeben werden.

1. Von den ungezählten Gärten (Gesamtzahl weit über 100), die ich in Schleswig-Holstein besichtigt habe, wurden 58 genau analysiert und für die Erfassung ausgewertet.
2. Da erst die Vielfalt den Bauerngartentyp prägt, sollten die für die Erfassung geeigneten Gärten folgende Mindestkriterien erfüllen, um in die Formel „Bunter, alter, traditionsreicher Bauerngärten“ zu passen:
   Alter: mindestens 50 Jahre
   Anlage: möglichst mit alten Stilelementen, z.B. Buchsbaumrabatten, Lauben und ähnlichem
   Bepflanzung: In erster Linie sind alte Sorten, die mit dem Alter des Gartens in Beziehung stehen, sehr wertvoll. Das Blumensortiment sollte möglichst abwechslungsreich und übers Jahr verteilt blühend sein. Unverzichtbare Bestandteile sind sind auch Gemüse-, Kräuter- und Obstkulturen.
3. Entsprechend der sozialen Stellung der (früheren) Besitzer lassen sich die erfaßten Gärten nach folgenden Kriterien unterscheiden in:
   - Kleine Gärten der Kätner und Landarbeiter; früher teilweise mit Landwirtschaftsbetrieb;
   - Gärten meist kleinerer Nebenerwerbshöfe; heute größtenteils verpachtet und
   - große Gärten von Vollerwerbshöfen. Fast alle sind für heutige Verhältnisse zu groß geschnitten und deshalb nicht selten in ihrer Anlage und Nutzung bereits verändert.

4. Der Pflanzenbestand des jeweiligen Gartens wurde der Nutzung der Pflanzen in Garten und Küche entsprechend, innerhalb der Kategorien
   1. *Blumen*
   2. *Kräuter*
   3. *Gemüse*
   4. *Obst*
   5. *Bäume*, *Sträucher* und *Farne*

   aufgelistet.

Merkmale von Bauerngärten

Allgemein verbindende bzw. trennende Merkmale der Bauerngärten innerhalb der verschiedenen Landschaftsteile sollen nachfolgend in Kürze zusammengefaßt werden. Sie erleichtern dem Leser die Zuordnung von Stilelementen und anderen bauerngartentypischen Begriffen, die ausführlich auf Seite 137ff. dargestellt werden.

1. Die *Größe des Hofes* steht in direktem Zusammenhang mit der Bodenqualität der jeweiligen Region wie auch mit deren geschichtlicher Entwicklung.

2. Die *Größe des Gartens* wiederum hängt von der Größe des Hofes bzw. dem Status seines Besitzers ab.

3. Die Art der *Gartenanlage* richtet sich ebenfalls nach den Besitzverhältnissen. Landesweit ist eine traditionelle Gartenform vom Typ der auf Seite 142 definierten „klassischen Bauerngartenanlage" anzutreffen, die für kleinere Höfe und Katen charakteristisch ist. Auf größeren Höfen teilt sich der Garten häufig auf in: Apfel-, Gemüse- und Ziergarten, der seltener auch als Park gestaltet sein kann. Diese Gärten kommen insbesondere in der Marsch vor.

4. Die *Einfriedigungen* der Gärten sind meist sehr landschaftstypisch: Knicks auf der Alt- und Jungmoräne; Mauern in Lauenburg und der Probstei, Staketenzäune auf den Inseln und schließlich Graften oder deren Reste in den Marschen von Elbe und Westküste, die im typischen Fall von windschutzspendenden Bäumen gesäumt sind. Die am weitesten verbreitete Art der Gartenumgrenzung ist landesweit die geschnittene Hecke. Sie wird häufig mit oben genannten Methoden kombiniert und gelegentlich durch Zäune ergänzt.

5. An bauerngartentypischen *Schmuckelementen* sind allgemein wegbegleitende Buchsbaumkanten, zum Teil mit Blumenrabatten und – seltener – Lauben und Rondelle üblich. Eine besonders ausgeprägte Vielfalt an geometrischen Schmuckbeeten bietet das Herzogtum Lauenburg. Die Lindenschirme der Westküste haben gleichzeitig Schutz- und Schmuckfunktion. Grottenbeete kommen noch vereinzelt, z. B. in Stormarn, Lauenburg und Steinburg, vor.

6. Die neue *Bauerngartenflora* für Schleswig-Holstein von 1989 enthält zum überwiegenden Teil noch traditionelle Arten, die besonders im Blumen- und Gehölzsortiment durch die sogenannten Neulinge des Bauerngartens ergänzt werden. Im allgemeinen kommen die Arten und Sorten regelmäßig im Lande vor. Einige interessante Ausnahmen werden auf Seite 148ff. beschrie-

ben. Die Arten- bzw. Sortenzahlen des Pflanzenbestandes in den erfaßten Gärten ergaben folgende Durchschnittswerte:

Blumen (Stauden, Zwiebel- und Knollengewächse sowie Einjährige): 65, mit zunehmender Tendenz in den östlichen wie mittleren Regionen und abnehmender Tendenz in den Marschengebieten und auf den Inseln.

Kräuter: 4, nach Westen abnehmend (mit Ausnahme von Dithmarschen)

Gemüse: 14, im Westen mit abnehmender Tendenz

Obst: 16, nach Westen zu leicht ansteigend

Bäume, Sträucher, Farne: 25, im Westen mit steigender Tendenz

7. Der Stand der *Gartenbaukultur* in den bäuerlichen Gärten ist noch überwiegend traditionell und oft vom überlieferten Wissen aus der Kindheit der Landfrauen geprägt. Sichtbarer Ausdruck hierfür sind z. B. – den Gemüsegarten betreffend – neben der Artenauswahl auch Anbaumethode und Düngergaben. Die vorerst nur selten praktizierten moderneren Methoden, die stets auch mit einer Erweiterung des Kräuter- und Gemüsesortiments einhergehen, sind entweder auf ein spezielles persönliches Interesse oder auf eine qualifiziertere Ausbildung der Landfrauen zurückzuführen.

Weit entfernt vom Anspruch auf Vollständigkeit oder gar der flächendeckenden Erfassung, erbrachten die Ergebnisse einen ausreichenden Einblick in Struktur und Inhalt der schleswig-holsteinischen Bauerngärten, um bestehende Verallgemeinerungen, beispielsweise über Gestaltungstheorien zum „typischen Bauerngarten“, zu relativieren.

Was ist ein Bauerngarten?

Der Bauerngarten – im engeren Sinne – beinhaltet den zu einer Kate oder zu einem Bauernhof gehörigen ländlichen Garten in seiner komplexen Bedeutung und Funktion. Eine andere Deutung des Begriffs „Bauerngarten“ im weiteren Sinne, wie er heute häufiger verwendet wird, bezieht sich auf einen Garten, der – ohne Bezug zum Berufsstand – lediglich den Stil (Anlage und Arteninventar) eines echten Bauerngartens nachahmt. Nachfolgend soll versucht werden, den Weg dieses Wandels von einer anfangs neutralen Bedeutung über eine negative zu einer positiven Wertung nachzuvollziehen.

Der alte „Bauerngarten“ im Sinne Fischer-Benzons (1893) umfaßt den gesamten bäuerlichen Garten, der sich bei wohlhabenden Bauern in mehrere Teile gliedert. Ein Stück eingefriedigtes Grasland, das der Kleintierfuttergewinnung und zugleich als Wäschebleiche (Bleek) dient, heißt „Grashof“, im nördlichen Schleswig und in Angeln auch „Toft“. Obstbäume stehen im „Boomhof“ oder „Appelhof“ (Angeln), während Blumen und Gemüse im „Kohlhof“ untergebracht sind. Im holsteinischen Landesteil geht bei zunehmender Besitztumsgröße die Differenzierung des Gartens noch weiter: Nur Gemüse verbleibt im „Kohlhof“, Blumen werden separat im „Kruthof“ oder „Krü’erhof“ (Marsch) gezogen.

Es ist denkbar, daß man mit der Entwicklung des reinen Gemüsegartens (= Kohlhof) zum mit Blumen verzierten Kohlhof allmählich zum neutralen Begriff „Garten“ überging. So wird es zumindest für das mittlere Schleswig von Meiborg überliefert. Die Erweiterung des Wortes „Garten“ zu „Bauerngarten“ zeigt deutlich, daß dieser Begriff im Gegensatz zu „Kohlhof“ mit Sicherheit nicht aus dem bäuerlichen Sprachgebrauch stammt, sondern schon in der Sinngebung als eine Formulierung Außenstehender aufgefaßt werden muß.

Nach Gröll (1985) und Poppendieck (mündlich) scheint der Begriff „Bauerngarten“ eine Neuschaffung des 18. Jahrhunderts zu sein. Hierzu einige literarische Belege (zitiert nach Gröll 1985): So berichtete Johann Taube als Mitglied der Königlichen-Landwirts-Gesellschaft zu Celle 1769 von umgebrochenen Heide-Stücken, die man mit Fleiß zu sogenannten „Bauer-Gärten“ gemacht habe. Auch in Goethes „Italienischer Reise“ (1786) fällt der Begriff „Bauerngärten“, noch rein sachlich und neutral bewertet.

Etwa 100 Jahre später wird in der Anwendung des Wortes „Bauerngarten“ ein negativer Gesinnungswandel deutlich, den Alfred Lichtwark (1893) in „Makartbouquet und Blumenstrauß“ ausspricht. Hier ist die Rede von den verschwundenen „alten Blumengärten mit Akelei, Goldlack, Rosenbusch und Rittersporn, von den Gärtnern zutiefst verachtet als Bauern- oder Pastorsblumen“.

Nach drastischer wirkt eine Passage aus Theodor Fontanes „Stechlin“ (1899; vergleiche auch Gröll 1985). Hier schildert Fontane das Gespräch zweier junger Männer, die sich in einem traditionellen, alten Klostergarten aufhalten, der vom Autor liebevoll als ländlicher Garten beschrieben wird: „Durch seine ganze Länge hin zog sich ein von Buchsbaumrabatten eingefaßter Gang, neben dem links und rechts, in wohlgepflegten Beeten, Rittersporn und Studentenblumen blühten. Gerade in seiner Mitte weitete sich der sonst schmale Gang zu einem runden Platz aus, darauf eine große Glaskugel stand..." Woldemar sagt dann: „Ich kann Ihnen gar nicht sagen, wie gern ich in diesem Garten bin. Allen Ernstes... Nun, Czako, wie gefällt Ihnen der Garten?" „Ausgezeichnet. Er ist ja eigentlich ein Bauerngarten, aber doch mit viel Rittersporn drinnen. Und zu jedem Rittersporn gehört eine Stiftsdame." „Nein, Czako, nicht so. Sagen Sie mir ganz ernsthaft, ob Sie solche Gärten leiden können." „Ich kann solche Gärten eigentlich nur leiden, wenn sie eine Kegelbahn haben...".

In beiden Beispielen zeigt sich nur allzu deutlich, welch abwertende Haltung man damals im allgemeinen den Bauerngärten gegenüber einnahm, wobei im „Stechlin" sogar zwei unterschiedliche Anschauungen erkennbar sind. Woldemar vertritt die eine Seite, während auf der anderen der Herr von Czako steht und von Fontane doch eher auf den Arm genommen wird als ein frivoler junger Mann.

Schon bald darauf setzt eine positive Umbewertung ein. Der volkskundlich engagierte Direktor der Hamburger Kunsthalle, Alfred Lichtwark, beschwor die alten bäuerlichen Anlagen als „klassische Verbindung von Blumen- und Gemüsegarten", in denen Blumenbeete die Wege begleiten, „damit man beim Wandeln den Blüten nahe ist. Der Raum hinter den Beeten wird für das Gemüse verwendet". Der Bauerngarten alter Form wird zum Vorbild für die „Neue Gartenkunst" Lichtwarks (siehe Seite 40).

Erst die öffentliche Diskussion am Ende des 19. Jahrhunderts formte den Begriff „Bauerngarten" so um, daß man darunter einen neuen Gartenstil versteht: Allein Arteninventar und eine formale Anlage prägen diesen neuen Gartentyp, ohne daß ihn Funktion, Berufsstand und Gartengeschichte als echten Bauerngarten ausweisen müssen.

Mit Rückblick auf den Anfang dieses Kapitels schließt sich der Kreis an dieser Stelle. Interessante weiterführende Gedanken lassen sich hierzu bei Poppendieck (1992) nachlesen.

Geschichte und Entwicklung der Gärten in Schleswig-Holstein

Botanische Schriften der Antike

Das über 2000 Jahre überlieferte pflanzenkundliche Wissen der alten Griechen und Römer hat einen beträchtlichen Einfluß auf die Entwicklung der Heilkunde und zugleich auf die Gartenkultur in Deutschland genommen. Unter den Griechen sind vor allem Theophrast, der das erste Lehrbuch der Botanik schrieb, ferner die Ärzte Hippokrates und Dioskorides zu nennen. Plinius Secundus, ein römischer Zeitgenosse des letztgenannten, trug in seiner „Naturgeschichte der Pflanzen“ alle nutzbaren Gewächse seiner Zeit zusammen. Diese erstmalig in lateinischer Sprache gesammelten Pflanzennamen waren Grundlage aller mittelalterlichen Pflanzenglossare. An dieser Stelle soll nicht weiter auf die antike Botanik eingegangen werden. Welche bereits in der Antike genutzte Pflanze noch heute in den Bauerngärten zu finden ist, läßt sich aus der Florenliste im Anhang ersehen.

Frühzeit, germanisches Hausland

Von dem Zeitpunkt an, als der Mensch seßhaft wurde und Ackerbau betrieb, ging er durch Anbau und Pflege eine besondere Beziehung zu seinen Nahrungspflanzen ein. In der verhältnismäßigen Sicherheit eines festen Siedlungsplatzes nutzte man die Gelegenheit, dort auch einige begehrte Nahrungs- und Heilpflanzen anzubauen, die dann jederzeit zur Verfügung standen und nicht erst in Wald und Wiese gesucht werden mußten. So ist es naheliegend, daß man diese sorgsam gehüteten Pflanzen vor Haus- und Wildtieren zu schützen versuchte. Dieses konnte zweckmäßig mit einer Einfriedigung aus Ästen und Gerten geschehen, die sich ohne viel Mühe zu einem einfachen Flechtzaun verbinden ließen.

Soweit der Hausgarten nicht mit Holzmaterial umzäunt war, wurde er von einer lebenden Hecke umgeben. Die Wörter „Hecke“ und „umhegen“ haben ursächlich mit Hagebuche und Hagedorn, dem alten Begriff für Heckenrose, zu tun. Schlehe, Hasel, Weiß- und Hagedorn boten nicht nur eine undurchdringliche Einfriedigung, sondern lieferten im Herbst auch wertvolle Früchte für den Wintervorrat.

Die Bedeutung des Wortes „Garten“ ist mit großer Wahrscheinlichkeit in der Sprachverwandtschaft mit „Gerten“ zu finden. So wird z. B. „umgeben von Gerten“ identisch mit „in den Gärten“. Der altgermanische Begriff „gardan“ führt zu hochdeutsch „Garten“ und englisch „garden“. Gotisch „aurtigards“

führt zu „waurts" = Wurz und leitet über zu „Würzgarten", dem so im südlichen deutschsprachigen Raum genannten Gemüsegarten. Gotisch „garda" = Viehpferch führt zu althochdeutsch „garto" = Garten. „Tun" bedeutete im nordischen Sprachgebrauch ein am Haus liegender umzäunter Platz, der als Viehpferch und Grasgarten Verwendung fand. Über das plattdeutsche Wort „Tun" = Zaun läßt sich das niederländische „Tuin" = Garten anknüpfen. „Tun" und „garto" passen also sprachlich, sachlich und usprünglich zusammen.

Erste vage Beschreibungen aus der germanischen Frühzeit über Ernährung und Landbau stammen vom römischen Geschichtsschreiber Cornelius Tacitus. Aus seiner Germania (um 100 n. Chr.) entnehmen wir, daß die Germanen Met und Weizenbier, das mit Wildem Rosmarin gebraut und wenig haltbar war, sowie Obstwein aus Äpfeln, Beeren und Schlehen herzustellen wußten. Allerdings berichtete Tacitus über manche Dinge etwas einseitig, alles an der eigenen römischen Kultur messend. Angesichts der hoch entwickelten römischen Gartenkultur kann er bei den Germanen nichts Vergleichbares finden, obwohl dort neben den Getreidearten (Hirse, Weizen und Gerste) auch Gemüse- (Lauch, Möhre, Rübe, Mohn und Dicke Bohnen) und andere Kulturpflanzen, wie z.B. der Färberwaid, bekannt waren.

Die Saatfelder wurden auf zugewiesenem Land, das im Jahr zuvor nicht bebaut worden war, also jährlich wechselnd, hergerichtet. Dem gemeinsamen Anbau folgte eine Teilung der Ernte. Dieses Vorgehen setzte eine Dorfsiedlung voraus, zu der sich mehrere Sippen zusammengeschlossen haben. Weit über den Zeitraum der uns zur Verfügung stehenden geschichtlichen Aufzeichnungen hinaus war die Pflanzenwelt in der Vorstellung unserer Vorfahren untrennbar mit Kult und Mythos verbunden; es hatte sich im Glauben an eine Beseelung von Pflanze und Tier eine allumfassende Naturverehrung entwickelt, aus der sich der germanische Baumkult, Aberglauben, Sagen und viele Volksbräuche ableiten lassen.

In Anlehnung an Mosig verschaffen wir uns nun einen Überblick über die Kräuter, Bäume und Sträucher, die den Bestand der frühen Hausgärten bildeten. Es sind, wie ja schon Tacitus beschrieben hatte, ausschließlich Nutz- und überwiegend Gemüsepflanzen, die hier angebaut wurden. Von Zierpflanzen ist noch keine Spur zu finden.

Zu den wichtigsten Nahrungspflanzen zählten die Hülsenfrüchte, wie Puffbohne (Vicia faba), die kleine Schwester unserer heutigen Großen Bohne, die Felderbse und die Feldlinse (diese nur in Süddeutschland). Dann folgten Pastinak, Möhre und Wilder Kohl, dessen Kulturformen von uns erst im späten Mittelalter aus griechischen und römischen Gärten übernommen wurden. Von den germanischen Hauslandpflanzen, deren junge Sprosse als Frühlingsgemüse genossen wurden, sind inzwischen etliche als Unkraut abgestempelt worden. Hierzu gehören Große und Kleine Brennessel, verschiedene Ampferarten, dann Spitzwegerich als Husten- und Blutstillungsmittel und Wegwarte, deren Wurzel in späteren Jahrhunderten auch einen beliebten Kaffee-Ersatz lieferte. Nicht zu vergessen sei der Gute Heinrich, eine alte Gemüsepflanze, der wegen des ihm innewohnenden guten Geistes besonders geschätzt wurde und deshalb stets einen Ehrenplatz in Hausnähe fand.

Vom Mohn, dessen Kultur schon in den Keilschriften der Assyrer um 2700 v. Chr. belegt ist, wurden die Samen zum Brotbacken und zur Ölgewinnung verwendet. Man kannte auch bereits die schmerzstillende Wirkung seines Milchsaftes. Weitere Pflanzen mit medizinischen Eigenschaften waren Nachtschatten, der noch lange Zeit als Gemüse in den Bauerngärten gezogen worden ist, und Hanf. Sicher ist, daß auch das Bilsenkraut, eine zu Heil- und Rauschzwecken benutzte Pflanze, die als älteste Giftpflanze in der germanischen Volksmedizin gilt, in den Gärten kultiviert wurde. Seine narkotische Wirkung, beruhend auf dem Gehalt an verschiedenen Alkaloiden, benutzte man unter Zugabe von Schlafmittel bei chirurgischen Eingriffen bis ins 15. Jahrhundert hinein.

Von den Bäumen und Sträuchern des germanischen Hauslandes war der Holunder wohl der bedeutsamste. Nicht nur, daß er vor Dämonen, Hexen und Unwetter schützte, er galt als Wohnsitz des guten Hausgeistes und vor allem auch als medizinischer Universalschatz. Der verehrten Erdgöttin Holla geweiht, was ihn auch zu seinem Namen, Holler- oder Holunderbusch, verhalf, diente er mit allen seinen Teilen der menschlichen Gesundheit: die Wurzel gegen Wassersucht, Rinde und Beeren gegen Räude und Eingeweidewürmer, schließlich der Blütentee als ausgezeichnetes schweißtreibendes Mittel, von Apothekern bis heute anerkannt.

Der einzige von den Germanen im Hausgarten in Kultur genommene Obstbaum war lange Zeit die heimische Wildform des Apfels, der Holzapfel, dessen Name auch germanischen Ursprungs ist. Erst die Römer, wie später auch die Mönche der frühchristlichen Zeit, vermittelten den Germanen andere Apfelarten, wie z. B. Malus dasyphylla aus dem Orient und Malus prunifolia aus Sibirien. Durch Einkreuzung entstanden in intensiver züchterischer Arbeit unsere später zahlreichen Kulturformen. Gleiches trifft auch für die Obstarten Birne, Pflaume, Süß- und Sauerkirsche zu. Mit den Römern hielt auch die Zwetsche, beheimatet im Kaukasus, ebenso wie Quitte und Mispel, beide aus Persien stammend, in die Gärten unserer Ahnen ihren Einzug.

So nahm die römische Gartenkultur gewaltigen Einfluß auf das bis dahin armselige Pflanzensortiment unserer Gärten.

Allmählich kristallisierte sich eine Trennung von Obst- und Gemüsegärten (gertelin) heraus. Denn auch im Gemüsegarten tat sich etwas: Salat, Zwiebel, Schalotte und Knoblauch aus Asien, Gartenkresse aus Mesopotamien, Endivie und Porree aus dem Mittelmeerraum, die alle schon den langen Weg über griechische und römische Gärten hinter sich hatten, tauchten als erste Fremdlinge aus Südeuropa in den Gärten unserer Ahnen auf. Diese hier geschilderten Ereignisse nahmen ihren Lauf zunächst in den südlichen Teilen Deutschlands, lassen sich aber mit Sicherheit, zwar zeitlich verzögert, auch auf die damaligen sächsischen Landesteile, zu denen Schleswig-Holstein gehörte, übertragen.

Rosengärten der Germanen

In die frühe germanische Zeit gehört auch der Begriff des Rosengartens. Wie Zander und Teschner ausführen, gründet sich unser heutiges Wissen darüber leider nur auf spätere Überlieferungen, wie Sagen und Gedichte, die erst im Mittelalter schriftlich festgehalten worden sind. Zu den ältesten literarischen Quellen, die ausführlich über die Rosengärten unserer Vorfahren berichten, zählen die beiden „Rosengartenlieder", von denen das „Große Rosengartenlied" nach den Forschungen Wilhelm Grimms (1859) aus der zweiten Hälfte des 13. Jahrhunderts stammt. Darin heißt es unter anderem über Kriemhilds Rosengarten:

„Es hege einen Anger mit Rosen diese Maid,
Von einer Meile Länge, eine halbe ist er breit.
Darum geht eine Mauer, – das ist 'ne Borte fein!
Getrotzt sei allen Fürsten, daß keiner kommt hinein!"

Wie beide Autoren herausfanden, handelt es sich bei den Rosengärten unserer alten Vorväter um zweierlei Arten. Einerseits war es der oft abseits gelegene Wiesenplatz, der von einer natürlichen oder angepflanzten Wildrosenhecke umgeben war, ein geheiligter Ort, an dem kultische Handlungen, Gerichtsbarkeit, Fest- und Kriegerversammlungen stattfanden. Andererseits war es als geheiligte Stätte auch der von Heckenrosen umsponnene Begräbnisplatz.

Die Rosenkenntnis beschränkte sich in der Germanenzeit auf die Wildrose als „umschließende, schirmende und verbergende Rosendornhecke" (Zander). Die zierenden Gartenrosen wurden erst im Mittelalter aus Italien eingeführt.

Das frühe Mittelalter

Die unruhige Völkerwanderungszeit dürfte keine Weiterentwicklung des germanischen Zaunlandes erlaubt haben. Erst die endgültige Formung des Abendlandes durch Karl den Großen leitete den Beginn der deutschen Gartenkultur ein, die aus der Synthese von germanischer, provinzial-römischer und byzantinischer Kultur sowie christlichem Gedankengut bestand.

Zu dieser Zeit allerdings herrschten in den sächsischen Landen nördlich der Elbe noch rauhe germanische Sitten. Dort stritten sich germanische und slawische Stämme um schleswig-holsteinisches Siedlungsland. Zeugnisse slawischer Dorfgründungen aus dieser Zeit sind z.B. die als Rundling angelegten Dörfer Großharrie und Willingrade. Ob es slawische Einflüsse auf unsere Bauerngärten gegeben hat, wird auf Seite 69 erörtert.

Die Funde von Haithabu und Elisenhof

Ein erster Christianisierungsversuch des Sachsenlandes durch Kaiser Karl war fehlgeschlagen. Dies hatte zur Folge, daß die Ausbreitung der Gartenkultur von Süden her nach Schleswig-Holstein noch annähernd 300 Jahre auf sich warten ließ. Dennoch gibt es aus dem frühen Mittelalter zwei Spuren, die auf Pflanzenbau hinweisen: Es sind die archäologischen Ausgrabungen von Elisenhof/Eiderstedt und Haithabu. Hier wurden nicht nur identifizierbare Teile vieler Nahrungspflanzen gefunden, sondern man konnte auch durch pollenanalytische Untersuchungen das Wissen um die damals genutzten Pflanzen beträchtlich erweitern. Neben den Getreidearten, die wir hier nicht berücksichtigen, lassen sich für Haithabu mindestens 39 Nahrungs- und Heilpflanzen zusammentragen. Unter diesen Arten befinden sich 10 Bäume und Sträucher, davon einer mit medizinischer Verwendung, etwa 16 Heilkräuter, mindestens sechs verschiedene Gemüsepflanzen und Lein als einzige technisch genutzte Pflanze. Die restlichen lassen sich nicht exakt einordnen. Interessant ist das Vorkommen der Blutwurz. Noch nicht im Capitulare (siehe unten), wird sie erst später in der Physika Hildegards (Seite 24) als „Birckwurtz“ erwähnt. Man schätzte sie wegen ihrer blutstillenden und adstringierenden Wirkung. Daß sie bei den Wikingern Verwendung fand, deutet auf althergebrachte germanische Tradition zurück.

Nun war Haithabu eine stadtähnliche Wikingersiedlung, in der die Menschen gedrängt zusammenwohnten. Ob oder inwieweit es innerhalb der umgebenden Wälle möglich war, dem Gartenbau nachzugehen, ist noch nicht bekannt. Man kann indessen davon ausgehen, daß die meisten Pflanzen außerhalb gesammelt wurden. Als ein weiterer für die Gartenforschung interessanter Fund kamen bei den Ausgrabungen gut erhaltene Reste von Flechtzäunen zutage. Ihr Bauprinzip ist einfach: Zugespitzte Pfähle werden in den Boden gesetzt und nach Korbmacherart mit einem Geflecht aus fingerstarken Ruten umgeben. Da die Zäune in Haithabu nur niedrig und leicht zu übersteigen waren, muß ihre Hauptfunktion in Anlehnung an das germanische Recht zum Schutze des Hauslandes darin bestanden haben, die Grundstücksparzellen symbolisch zu markieren.

In der Marschensiedlung Elisenhof konnte durch Grabungen der Echte Eibisch nachgewiesen werden. Er wird sowohl im Capitulare als auch bei Hildegard als Heilpflanze erwähnt, findet aber heute als entzündungslindernde Schleimdroge bei Husten kaum noch Anwendung.

Die Landgüterverordnung Karls des Großen

Vermutlich um das Jahr 812 n. Chr. entstand eine Verordnung Karls des Großen für die Verwaltung seiner Kronengüter mit dem berühmten 70. Kapitel, dem „Capitulare de villis vel curtis imperialibus“, das für die Verbreitung

Pflanzenliste des Capitulare (Gemüse und Heilkräuter)
(in deutscher Übersetzung)

1. Weiße Lilie	26. Rauke	50. Eibisch
2. Rosen	27. Kresse	51. Malven
3. Bockshornklee	28. Klette oder Pestwurz	52. Möhren
4. Frauenminze	29. Poleiminze	53. Pastinak
5. Salbei	30. Schwarzes Gemüse	54. Gartenmelde
6. Raute	31. Petersilie	55. Erdbeerspinat
7. Eberraute	32. Sellerie	56. Kohlrabi
8. Gurken	33. Liebstöckel	57. Kohl
9. Melonen	34. Sadebaum	58. Bärlauch
10. Flaschenkürbis	35. Dill	59. Schnittlauch
11. Saubohnen	36. Fenchel	60. Porree
12. Kreuzkümmel	37. Endivie	61. Rettich
13. Rosmarin	38. Diptam	62. Schalotten
14. Kümmel	39. Senf	63. Zwiebeln
15. Kichererbse	40. Bohnenkraut	64. Knoblauch
16. Meerzwiebel	41. Krause Minze	65. Krapp
17. Schwertlilie	42. Wasserminze	66. Artischocke oder Weberkade
18. Drachenwurz	43. Minze	67. Große Bohne
19. Anis	44. Rainfarn	68. Felderbse
20. Koloquinten	45. Katzenminze	69. Koriander
21. Zichorie	46. Mutterkraut	70. Kerbel
22. Zahnstocherkraut	47. Mohn	71. Pillenwurz
23. Laserkraut	48. Mangold	72. Muskatellersalbei
24. Salat	49. Haselwurz	73. Hauswurz
25. Schwarzkümmel		

Tabelle 1

neuer Gartenpflanzen meist südlicher Herkunft so sehr bedeutsam werden sollte. Hier heißt es zu Anfang des Kapitels: „Wir wollen, daß man im Garten alle Kräuter habe, nämlich: ...". Diesem kaiserlichen Befehl folgt dann eine Pflanzenliste, in der außer 16 verschiedenen Obstbaumarten 73 weitere Nutzpflanzen verzeichnet sind (siehe Tabelle 1). Gemessen an dem dürftigen Artenbestand des germanischen Zaunlandes hat sich die Zahl nun etwa dank der zahlreichen aus dem Süden eingewanderten Gartenneulinge vervierfacht. Von den wenigen Pflanzen, wie z. B. Melone, Lorbeer und Feige, die nicht in unserem nördlichen Klima gedeihen können, abgesehen, wird hiermit schon der Grundstock für unsere spätere Bauerngartenflora gelegt, der sich im wesentlichen bis heute erhalten hat.

Zur Hälfte besteht das Arteninventar aus an ätherischen Ölen reichen und deshalb duftenden Heil- und Würzpflanzen, wie Salbei, Raute, Eberraute, Rosmarin, Kümmel, Kresse, Liebstöckel und Dill. Schon die Ärzte des Altertums brachten Duft mit Heilkraft in Zusammenhang, wie wir heute wissen, oft zu Recht.

Mit folgendem Appell endet die Kräuterliste: „Und der Gärtner soll auf seinem Hause haben die Hauswurz". Im späteren Schleswig-Holstein fand diese Pflanze unter dem Namen „Hauslauch" reichliche Verbreitung. Nach Philippsen soll sie bis etwa 1880 in keinem Dorf gefehlt haben. Man pflanzte sie seit uralten Zeiten aufs Dach. Dem Donnergott Thor geweiht, daher im Volksmund auch „Donnerwurz" und „Donnerkraut" genannt, sollte die Hauswurz gegen Blitz und Feuergefahr schützen. Ihr wurden auch verschiedene Heilwirkungen zuerkannt: Wenn man den Saft der Blätter donnerstags gewonnen hatte, konnte man damit Brandwunden und allerlei Hautkrankheiten erfolgreich behandeln. Die arzneiliche Wirkung wurde bereits in den Schriften von Theophrast und Plinius erwähnt.

Das Vorbild der Klostergärten

Die Klöster, die seit dem 7. Jahrhundert kontinuierlich an Zahl und Reichtum gewonnen hatten, bildeten die universalen Kulturzentren des jungen fränkisch-deutschen Reiches. Von hier aus wurde heilkundliches und gartenbauliches Wissen und Können, das bereits von den antiken Wissenschaften übernommen worden war, an die bäuerliche Bevölkerung weitergegeben. Besondere Verdienste erwarben sich hierin die Benediktiner-Mönche, denen die Ordensregel (nach Mosig) Urbarmachung des Landes und Gartenbau vorschrieb.

Ein überliefertes Dokument, der Klosterplan von St. Gallen, vermutlich aus dem Jahre 816 stammend, verrät uns, wie frühmittelalterliche Gärten und Klosteranlagen ausgesehen haben mögen. Auf dem Bauriß sind vier verschiedene Gärten auszumachen: Die Kreuzgänge, der Kräutergarten (Herbularius), dann der Gemüsegarten und der Baumgarten, zugleich ein Friedhof. Auch die im Plan verzeichneten Pflanzen zeigen eine große Übereinstimmung mit der Liste des Capitulare, so daß sich dieses mit großer Wahrscheinlichkeit als Quelle in Betracht ziehen läßt. Während die Pflanzen hier in regelloser Folge niedergeschrieben sind, erscheinen sie dort wohlgeordnet nach ihrer Verwendungsmöglichkeit.

Alle Pflanzen des Kräutergartens dienten medizinischen Zwecken, was aber nicht ausschließt, daß man ihre Wirkung magischen Kräften zuschrieb. Die heidnischen Vorstellungen von der Beseelung der Pflanzen mit guten und bösen Geistern waren zu der Zeit noch tief im Denken der Menschen verhaftet. Äußerst bemerkenswert ist das Auftreten von Rose, Lilie und Schwertlilie. Das hatte nicht nur offizinelle Gründe. Das Kräutergärtchen wird zugleich Ziergarten, denn Rose und Lilie zählten beide zu den Lieblingsblumen der Griechen und Römer, eine Tatsache, die den belesenen Klosterbrüdern

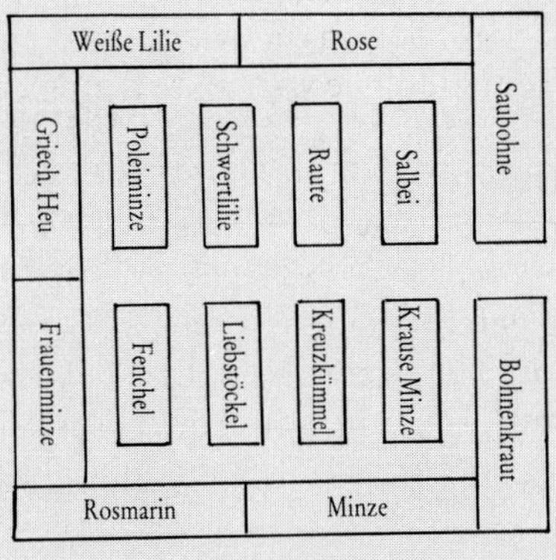

Abb. 1: Kräutergarten

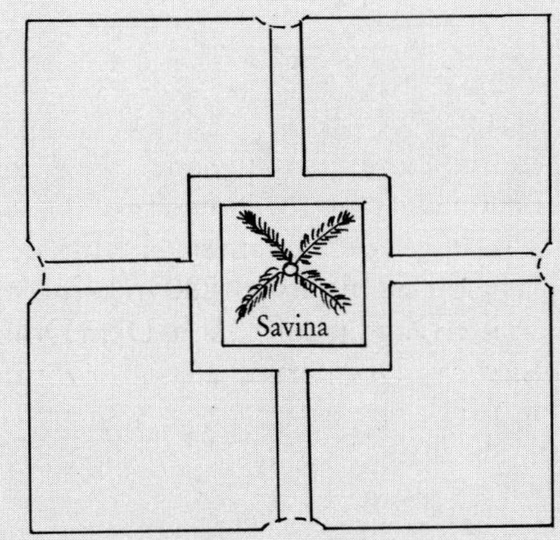

Abb. 2: Kreuzgang

Abb. 3: Gemüsegarten

Originalplan aus dem Bauriß des Klosters Sankt Gallen vom Jahre 816

Die Gärten

durchaus geläufig war. Andererseits wurden beide Pflanzen von den ersten Christen gemieden, die Lilie als Symbol des römischen Thronfolgers und die der Göttin der Liebe geweihte Rose erschien ihnen verdammenswert aufgrund ihrer bedeutsamen Rolle bei den römischen Florafesten in der Zeit des römischen Kulturverfalls. Hinzu kommt, daß sie in der heidnischen Kultur in hohem Ansehen stand. Jedoch die Tradition erwies sich als stärker. So setzte schon im frühen Mittelalter der Sinneswandel ein. Beide Blumen wurden in die christliche Symbolik einbezogen: Rote und Weiße Rose gelten als Sinnbild für die Leiden und Freuden Marias. Die Weiße Lilie, sie wird heute im Sprachgebrauch auch oft Madonnenlilie genannt, symbolisiert ihre Reinheit und Jungfräulichkeit.

Noch ein Wort zur äußeren Form. Durch das einfache Ordnungsprinzip der Beete und durch die Rahmenfunktionen der sie umgebenden Rabatten wird der Kräutergarten zu einem in sich klar gegliederten und in sich abgeschlossenen Ort (siehe Abb. 1). Für den Kreuzgang finden sich im St. Gallener Plan keine Bepflanzungsangaben. Auf Abb. 2 läßt sich die Anlage des Innenhofes gut erkennen. In den vier von den Arkaden ausgehenden geraden Wegen, die kreuzförmig aufeinander zulaufen und dadurch den Innenhof in vier gleiche Flächen unterteilen, sowie in der Mittelpunktsbetonung können wir schon gestalterische Grundelemente der späteren Bauerngärten erblicken.

Im Mittelpunkt des Hofes ist ein kleiner Kreis mit vier zweigähnlichen Fortsätzen und der Inschrift „Savina" abgebildet. Der Bezug zu Juniperus sabina, dem Sadebaum, ist einerseits naheliegend, aber andererseits verwunderlich, wenn man bedenkt, daß der Sadebaum, auch volkstümlich Jungfernpalme und Mägdebaum genannt, im Mittelalter als Abortivum (= Abtreibungsmittel) genutzt wurde. Nach Marzell hat es mit dem Sadebaum im Klosterplan eine ganz andere Bewandtnis: Schon die Germanen benutzten den Wacholder, ein naher Verwandter des Sadebaumes, sowohl zur Totenehrung als auch zur Geisterbannung. Noch in späterer Zeit galt er auch bei den Franken als geeignetes Mittel, böse Geister in Schach zu halten. Weil man die giftige Wirkung des Sadebaumes im frühen Mittelalter nicht kannte, liegt hier eine Verwechslung beider Arten nahe.

Die Form des Gemüsegartens und die Anordnung seiner Beete samt vorgesehener Bepflanzung wird in Abb. 3 wiedergegeben. Im Originalplan sehen wir im Mittelweg in lateinischer Sprache verzeichnet: „Hier grünen die schönen aufwachsenden Gemüsepflanzen". Diese werden im Plan in der deutschen Übersetzung nach von Fischer und Sörrensen aufgeführt.

Der Baumgarten wird sogleich als Friedhof genutzt, was nicht zufällig ist, sondern in einem symbolischen Zusammenhang steht. Denn Bäume, insbesondere Obstbäume mit ihrem auffälligen Lebensrhythmus von Blüte, Fruchtzeit und Winterruhe gelten im Mittelalter als Sinnbild der Auferstehung und damit der Lebenserneuerung. So trägt der Plan des Baumgartens denn auch die Inschrift: „Rings um das Kreuz ruhen die toten Leiber der Brüder, glänzt es in ewigem Schein, stehen zum Leben sie auf" (Zitat nach O. Henne am Rhyn). Folgende Bäume sind im Baumgarten verzeichnet: Apfelbaum, Birnbaum, Speierling, Pflaume, Mispel, Edelkastanie, Pfirsich, Quitte, Hasel, Mandelbaum, Lorbeer, Pinie, Feige, Nußbaum und Kirsche.

Der zuvor dargestellte Klostergartenplan dokumentiert erstmalig eine Gartenanlage, die sich von da an vorbildhaft auf die Gestaltung der Bauerngärten ausgewirkt hat. Der Garten wird nach bestimmten Ordnungsprinzipien angelegt, was einerseits praktische Gründe hat, aber andererseits auch dem Schönheitssinn Rechnung trägt. Wir greifen noch einmal diejenigen Elemente heraus, die von den Bauersleuten als feste Bestandteile in ihre Gärten übernommen worden sind. Zunächst die Anleihe aus dem Kreuzgang: Die kreuzförmige Wegeführung hatte nicht nur christlichen Symbolwert, sondern war und ist auch überaus praktisch und feite den Garten außerdem gegen Hexen. Die Mittelpunktbetonung, hier das mit dem Sadebaum bepflanzte Quadrat, wird ebenfalls mit in den Bauerngarten übernommen, meist in Form eines Rondells. Im Kräutergarten lassen sich erste Anklänge an zierende und einrahmende Rabatten erkennen, wie sie in ähnlicher Form zu einem grundlegenden Stilmittel des späteren Bauerngartens gehören. Gleichermaßen wurden die Beete im Gemüse- wie im Kräutergarten paarig in Reihen, von einem Mittelweg gut erreichbar, angelegt. Diese praktische Anlage lieferte das Modell für unsere bis heute gängige Gemüsegartengestaltung.

Die Trennung von Obst- und Gemüsegarten war bereits im germanischen Hausland vollzogen. Möglicherweise haben die Mönche dieses von den Bauern übernommen. Das Zusammentreffen der nach klösterlichem Vorbild geschaffenen Gartenanlage und des karolingischen Arteninventars bewirkte im weiteren Verlauf der Christianisierung in Mittel- und Nordeuropa eine Ausbreitung dieser Bauerngartenkultur auch in benachbarte Länder, die noch immer viele Gemeinsamkeiten aufweist.

Da die Lebensumstände im Mittelalter weiterhin schwer waren, blieb der Bauerngarten für lange Zeit ein reiner Nutzgarten, der wenig Veränderung erfuhr. Einige Neuigkeiten jedoch vermittelt uns der „Hortulus", ein Gedicht des Mönches Walahfrid Strabo aus dem Jahre 847. Hierin beschreibt er den Duft, die Schönheit und die segensreichen Heilkräfte der Kräuter, Blumen und Gemüse seines Gartens, alles poetisch und sinnbildlich mit der christlichen Lehre verknüpfend. Unter den Blumen werden Lilie und Rose besonders gerühmt; die Lilie, mit deren Saft Verbrennungen und Schlangenbisse geheilt werden sollen, und die Rose, die nach seiner Meinung alle anderen Kräuter soweit übertrifft, daß er sie mit den Worten der griechischen Dichterin Sappho als „Blume der Blumen" bezeichnet. Ein bemerkenswerter Satz, auf den ich noch zurückkommen werde.

Mit Wermut, Andorn, Muskatellersalbei, Betonie, Odermennig, Rainfarn und Katzenminze tauchen auch neue heimische Heilpflanzen im Klostergarten auf. Als Quellen seines Wissens gibt Walahfrid neben volkstümlichen Überlieferungen eigene Erfahrungen und antikes Schrifttum an.

Das Hohe Mittelalter

1126 hat das Christentum in Schleswig-Holstein mit der Klostergründung durch Vicelin in Wippendorf, dem späteren Neumünster, endgültig Fuß gefaßt. Aus weiteren zahlreichen Klosterniederlassungen in den damaligen Wildnissen entstanden hier durch Ackerbau und durch das Einbringen abendländischer Kultur blühende Ansiedlungen als Zentren für Krankenpflege, Arzneikunde, Armenfürsorge, Ausbildungsstätten im Handwerk und als Lehrstätten für Künstler, Priester und Gelehrte. Dies waren im Grunde befriedigende Verhältnisse, die auch die Lebensbedingungen der Bauern förderten und vorerst sicherten.

Das heilkundliche Wissen damals wurde deutlich durch das Wirken Hildegards von Bingen (1098 bis 1179), die nach ihrem Tode heilig gesprochen wurde, bereichert. Sie, die Äbtissin eines Klosters bei Bingen, war gleichzeitig auch die erste Ärztin und Naturforscherin Deutschlands – zudem eine musisch und seherisch begabte Frau. Durch ihre ärztliche Tätigkeit entwickelte sich ihr großes Interesse an der Pflanzenwelt, das sich in einem achtbändigen Werk, der sogenannten „Physika“, dokumentiert. Dies ist die erste Naturgeschichte Deutschlands und von großer Bedeutung, weil Hildegards Schriften auf eigenen Beobachtungen und Erfahrungen beruhen. Viele der Kräuter der „Physika“ sind uns aus dem Capitulare bekannt, neu ist allerdings ihre deutsche Bezeichnung. Hinzu kommen auch viele heimische Pflanzen, die sie in das Heilpflanzensortiment einbezieht. Hiervon seien nachfolgend diejenigen aufgeführt, deren volksmedizinische Anwendung noch heute in Schleswig-Holstein überliefert wird: Aronstab, Bilsenkraut, Efeu, Hauswurz, Holunder, Huflattich, Kamille, Lein, Lungenkraut, Nachtschatten, Schafgarbe, Schöllkraut, Tollkirsche und Zaunrübe.

Eine Menge weiterer Heil- und Gewürzkräuter fanden als Südländer Einlaß in Hildegards Klostergarten. Von diesen seien diejenigen ausgewählt, die später in den schleswig-holsteinischen Bauerngärten eine wichtige Rolle spielen, wie Alant, Basilikum, Lavendel, Melisse, Myrte, Bauernrose, Königskerze, Ringelblume und Ysop. Erstmalig werden auch Rose, Lilie, Schwertlilie und Veilchen als zierende Gewächse unabhängig von den eigentlichen Heilpflanzen besprochen. Diese Wertschätzung, einzig um ihrer Schönheit Willen, muß natürlich als gewaltiger Fortschritt gelten.

Allmählich nämlich entsteht ein neues, sehr von der Gartenfreude bestimmtes Lebensgefühl, das auch in den Schriften des Albertus Magnus (1193 bis 1280), dem Gelehrten und Dominikaner-Mönch Albert Graf von Bollstädt deutlich wird. Albertus Magnus empfiehlt nämlich den „grünen Lustgarten“, einen Kräuter- und Gemüsegarten, dessen Beete von Zierpflanzen gesäumt werden sollten. Außer den uns schon bekannten nennt er Goldlack, Akelei und Maiglöckchen.

Alles, was sich sonst im 12. und 13. Jahrhundert ereignete, betraf die weitere Entwicklung der Bauerngärten wohl nur indirekt. Sie waren bis dahin unverändert in der schlichten, nüchternen Regelmäßigkeit ihrer Form und ihres Pflanzenbestandes geblieben. Im Mittelpunkt der historischen Überlieferung von Kunst und Literatur steht die gehobene Gesellschaft, an der sich ja die Bauern orientierten, so daß sich Rückschlüsse auf die Bauerngärten ziehen lassen. Es ist die Zeit des höfischen Rittertums mit seiner erwachenden Sinnenfreude und Frauenverehrung und nicht zuletzt auch die Zeit der Kreuzzüge. Diese drei Komponenten trugen alle auf ihre Weise zum Fortschritt der Gartenkultur bei. Die zärtlichen Namen „Wonnesamer Anger", „Ziergarto", „Wunnigarto", „Kosegarto", „Lustgarten" und „Rosgart" sprechen da für sich. So ist es nicht verwunderlich, daß die allgemeine Freude an Blumen und Schönheit zunahm. Selbst auf kleinstem Raum, wie in den Burggärten, pflanzte man neben den bekannten Küchenkräutern zunehmend Blumen. Eine besondere Variante dieser ritterlichen Wohnsitze sind die Wasserburgen Schleswig-Holsteins, die in Küstennähe oder in Niederungsgebieten errichtet wurden. Noch heute erhaltene Schlösser wie Glücksburg, Gottorf oder Breitenburg lassen sich auf alte Fluchtburgen, die einst durch einen Wassergraben gesichert waren, zurückführen.

Der niederländische Botaniker Bakker (mündlich) stellte bei Untersuchungen an friesländischen Wasserburgen fest, daß in deren Nähe noch immer zahlreiche Zwiebel- und Knollengewächse wie Lerchensporn, Märzenbecher, Wildtulpe, Gelbes Buschwindröschen, Körnersteinbrech, Schneeglöckchen und Winterling als Burgflüchtlinge anzutreffen sind. Diese Frühlingsblüher scheinen besonders beliebt gewesen zu sein, verhießen sie doch Befreiung vom winterlichen Aufenthalt hinter den dunklen Burgmauern. Und das konnte der Liebe zum Garten nur förderlich sein. Vermutlich könnte man in Schleswig-Holstein zu ähnlichen Aussagen kommen, doch sind mir keine diesbezüglichen Untersuchungen bekannt geworden.

Man hatte nach Stabhorst (aus Finder) gewiß seine Augenfreude an „enen lustbarlyken Garden, de dar ys vul Fyolen, Rosen und Lilien", was das noch immer hohe Ansehen dieser Blumen bei den mittelalterlichen Menschen wegen der ihnen zugeschriebenen medizinischen Eigenschaften und ihrer Sinnbildhaftigkeit als Marienblumen ja nicht ausschloß. Die „Fyolen" (Violen, Veilchen) des Mittelalters lassen sich erst anhand ihrer Farbe klassifizieren: Gelbes Veilchen als Goldlack, blaues Veilchen als das Märzveilchen, Viole als Nachtviole. Im 16. Jahrhundert wird das Verwirrspiel mit dem Einwandern der Weißen Viole in Schleswig-Holstein fortgesetzt, denn als solche ist die Levkoje seit dem Altertum bekannt gewesen, heute unter dieser Bezeichnung jedoch in Vergessenheit geraten.

Im Gemüsebau und in der Obstzucht waren der Süden und der Südwesten Deutschlands im Mittelalter dem nordwestdeutschen Flachland aufgrund ihrer klimatischen Begünstigung weit überlegen. Daher hatte sich das Gemüseangebot bei uns seit Jahrhunderten nicht verändert; und der altbewährte Kohl blieb auch noch in der Folgezeit die am häufigsten angebaute Zukost zum Getreide. In allen Bevölkerungsschichten wurde er wegen seiner zugleich nährenden und gesundheitsfördernden Wirkung geschätzt, was in folgender Beurteilung aus dem Jahre 1617 zum Ausdruck kommt:

„Wowol de Koel ock in der arstedie (Heilkunde) menniger lay wiese gebruket mach werden, so denet he doch am meisten dem gemenen man thor spise, mit specke und der gliken dingen gekaket. In der vasten överst mit Selspecke (Seehundsspeck) alse men en denn in den Sassischen landen gar nicht entberen kann".

Man unterschied Sommer- und Winterkohl. Die frischen Frühjahrsschößlinge aß man besonders gern als „Spratenkohl" (Sprossenkohl). Seine Wertschätzung drückt sich auch in der Bezeichnung Kohlhof (siehe Seite 64) aus und hat sich bis zum Ende des 18. Jahrhunderts erhalten; dann nämlich verdrängte die seit 1750 zunehmend zum Volksnahrungsmittel werdende Kartoffel den Kohl aus seiner Vorzugsstellung. Weitere Gemüsearten waren Möhren oder Gelbe Wurzeln, Zwiebeln, Knoblauch, Meerrettich, Pastinak und Rettich. Große Bohne und Erbsen galten als Fastenspeise. Diese alte Gewohnheit, sie in der Zeit vor Ostern zu essen, führte man auch noch nach der Reformation lange fort.

Verglichen mit den Gemüse- und Kräutergärten wird der Obstgarten des Mittelalters nur selten erwähnt. Finder führt dies auf die Rückständigkeit und Sortenarmut des heimischen Obstbaus gegenüber südlichen Anbaugebieten zurück. Der Apfelbaum galt in älteren Zeiten als der eigentliche Obstbaum. Schon die mittelalterliche Namensgebung „pomarium" (Apfelgarten) weist auf die Vorzugsstellung dieses Kernobstes gegenüber anderen Obstarten hin. Die vielseitige Verwendung des Apfels in Küche und Heilkunde wird in einem der ältesten niederdeutschen Druckwerke, dem 1483 erschienenen „Arstedyge Boeck", besonders hervorgehoben und in späteren medizinischen Schriften bestätigt. Nach Finder ist die genaue Herkunft und der Name nur einer einzigen mittelalterlichen Apfelsorte überliefert worden. Es handelt sich um den Borßdorfer Apfel, auch bekannt als „Deutsche Pomeranze", die von Zisterziensern auf dem Klostergut Borsendorf bei Dornburg an der Saale gezüchtet worden war. Seine Heilkräfte wurden besonders in Pestepedemiezeiten hoch gerühmt. Er kam bis in die Dreißiger Jahre unseres Jahrhunderts noch in den Elbmarschen vor.

Die Zeit der Renaissance

Mit der Renaissance, der Wiedergeburt des Altertums, bricht ein völlig neues Zeitalter in Europa an, in dem die Menschheit, von antikem Kultur- und Wissenschaftsideal inspiriert, sich verstärkt zu neuer Forschungstätigkeit hingezogen fühlt.

Nachdem die Naturalwirtschaft des Mittelalters durch die städtische Geldwirtschaft abgelöst worden war, konnten die deutschen Handelsbeziehungen

Abb. 4: Typischer Renaissancegarten in Mantua, gemalt von Franz Pourbus dem Älteren 1569

über Europas Grenzen hinaus ausgeweitet werden. Das bedeutete nicht nur eine wirtschaftliche und kulturelle Neubelebung, sondern auch, daß der bisherige Gartenpflanzenbestand im Laufe der nächsten Jahrhunderte um eine Fülle neuer ausländischer Pflanzen bereichert wurde. Zu den grundlegenden Fundamenten des o. a. neuen Lebensgefühls gehörten zweifellos die stark an den Gärten des Altertums orientierten italienischen Prachtgärten des 15. und 16. Jahrhunderts. Sie riefen eine große Begeisterung bei den deutschen Reisenden hervor, die, wie auch andere Europäer, durch Italien streiften „wie durch eine große Kunst- und Wunderkammer voll von Raritäten und Kuriositäten" (Hennebo).

Welche Elemente für den frühen italienischen Renaissance-Garten bezeichnend waren, kann hier nur angedeutet werden. Hierzu gehörten Grotten aus Tuffstein, ein schattenspendender Gartenportikus, immergrüne Alleen aus Buchs, Lorbeer oder Myrte, Baumreihen, korinthische Säulen, die einzelnen Felder des Gartens in runder oder halbrunder Form, Skulpturfragmente, Statuen usw.

Im 16. Jahrhundert schließlich gelangte die Architektur in der Gartenkultur zur Herrschaft über die Natur: Streng symmetrische Anlagen von Terrassen, Treppen und Ballustraden stehen im Blickpunkt. Die Beete werden wie architektonische Ornamentfelder angelegt. Die hieraus abgeleitete deutsche Art der Unterteilung in viereckige Beete nannte man die „die gevierte und geschachzabelte Einteilung". Soweit zum äußeren Erscheinungsbild der italienischen Renaissance-Gärten (siehe Abb. 4). Erst in späterer Zeit (Ende des 16. Jahrhunderts) lassen sich einige seiner Grundzüge in schleswig-holsteinischen Gärten wieder entdecken.

Die Kräuterbücher des 16. Jahrhunderts

Sichtbarer Ausdruck steigenden Wohlstands waren die Gärten süddeutscher Kaufleute, in denen man möglichst viele und möglichst unbekannte exotische Gewächse hielt. Mit großemEifer ging man der Sammelleidenschaft nach, nicht zuletzt, um sich gegenseitig überbieten zu können. Eine besondere Berühmtheit erlangten damals die Gärten der Fugger in Augsburg. Um 1780 sollen dort neben vielen anderen fremdländischen Gewächsen 725 Rosenstöcke gezogen worden sein, unter ihnen die erste Moschusrose Deutschlands, wie der große Rosenfreund und -kenner seinerzeit, Conrad Gesner, in seinem Buch „De Hortis Germaniae“ („Über die deutschen Gärten“) 1561 vermerkt. An einer anderen Stelle desselben Buches erfahren wir auch, daß man bereits zehn verschiedene Rosenarten in den Gärten kultivierte. Die uns bereits seit dem Mittelalter bekannten Roten und Weißen Rosen kommen „weit und breit im Überfluß in den Gärten vor“, – fast nicht mehr der Rede wert, möchte man meinen; während die attraktiven neuen Arten, wie Damaszener, damals Lybfarbrosen genannt, Türkische, Indische und Moschusrosen vorerst in nur wenigen Gärten gehegt wurden.

So regten die prächtigen Gärten von jenseits der Alpen nicht nur die Kaufleute, sondern auch die botanisch-wissenschaftlichen Interessen der Ärzte an. Die Maxime der Zeit lautete: „Gemüse wurden geduldet, Frucht und Blumen wurden geschätzt, aber medizinische Kräuter waren die Hauptsache, ohne die der Mensch nicht leben konnte“. Um die neuen, unbekannten Heilpflanzen zu erproben, legten die Forscher umfangreiche Sammlungen an. Hieraus entstanden bald die ersten Botanischen Gärten in Königsberg 1551, Leipzig 1580, Breslau 1581/87 und Heidelberg 1593.

Seit dem Altertum wurden Forschungen nun erstmals an der lebenden Pflanze durchgeführt; und die neu entdeckte Druckkunst kam den Pflanzenkundlern bei der Verbreitung ihrer neuen Forschungsergebnisse zu Hilfe. Die berühmtesten Kräuterbücher seiner Zeit stammen von Otto Brunfels – „Contrafeyt Kreutterbuch“ (1532) –, Leonard Fuchs – „New Kreutterbuch“ (1543) – und ein gleichnamiges (1588) von Tabernaemontanus, der z. B. über die Himmelsleiter schreibt, sie sei weder äußerlich als innerlich als Arznei zu gebrauchen, „wohl aber als Zierde für Sträuche und Vasen zu verwenden“. Noch erwähnenswert sind Conrad Gesner, Adam Lonicer sowie Hieronymus Bock mit seinem „New Kreutterbuch“ (1539), in dem er nur solche Pflanzen, die er selbst kannte – es waren 800 –, genau dargestellt und beschrieben hat. Einige dieser Forschernamen gingen in die Pflanzennomenklatur ein, z. B. als „Fuchsia“, „Brunfelsia“ oder „Lonicera“.

Im Mittelpunkt dieser regen Forscher- und Sammeltätigkeit standen neben den heimischen natürlich bevorzugt Pflanzen, die von weit her nach Deutschland gekommen waren. Auch hier spielte Italien eine wichtige Rolle, nämlich als Vermittler der orientalischen, indischen und amerikanischen Importpflanzen.

Als gegen Ende des 16. Jahrhunderts die Habsburger ihre Herrschaft in Südosteuropa ausdehnten, wirkte der Arzt und Botaniker Carl Clusius (1525 bis 1609) am Wiener Hof als einer der größten Pflanzenforscher überhaupt. Seinen guten Beziehungen zum Türkischen Reich, dessen Herrscher nicht nur als blutrünstiger Krieger, sondern auch als großer Blumenfreund bekannt war, haben wir eine Reihe schöner Pflanzen aus den orientalischen Gärten zu verdanken, die sich aus unserer Bauerngartenflora nicht mehr wegdenken lassen: Brennende Liebe, Gelber Krokus, Hyazinthe, Kaiserkrone, Perlhyazinthe und die rotbraune Stammform der Tulpe; dieser folgten später eine Fülle meist holländischer Züchtungen nach. An Bäumen kamen Roßkastanie und der Türkische Flieder, der dann als „Syringe“ besonders in den schleswigschen Landesteilen zu einer beliebten Heckenpflanze wurde. Der Spierstrauch aus Sibirien und die einst geschätzte ostindische Balsamine gelangten zur gleichen Zeit in unsere Gärten.

Aus dem südlichen Europa erreichten uns bis zum Ende des 16. Jahrhunderts, außer den uns schon bekannten, nachstehende Arten: Adonisröschen, Bartnelke, Bauernrose, Blutströpfchen, Buchsbaum, Federnelke, Feuerlilie, Garten-Leimkraut, Kranz-Lichtnelke, Levkoje, Löwenmaul, Ringelblume, Rittersporn, Zimtrose und Zymbelkraut.

Glücklicherweise gerieten in dem Rausch, den die prächtigen fremdartigen Gewächse seinerzeit hervorriefen, die heimischen Wildpflanzen nicht in Vergessenheit. Es wäre gut denkbar, daß sich gerade die Bauern der prächtigsten unter den heimischen Blütenpflanzen in ihren Gärten angenommen haben. Denn auf diese Weise ließ sich der Anblick des Gemüsegartens ohne besondere Mühe und Kosten wirkungsvoll verschönern. Zugleich aber stellten die im Garten angesiedelten, aus der heimischen Natur entstandenen Pflanzen einen wichtigen Bezug zur Umgebung her. Gärten, die auf diese Weise harmonisch mit der Landschaft verbunden sind, können sehr zur charakteristischen Dorfverschönerung beitragen. Ein besonders schönes Zeugnis vom Eingebundensein in die umgebende Natur liefern uns nicht nur die südschwedischen Gärten, sondern es lassen sich auch in Schleswig-Holstein Anklänge daran finden.

Wie auf alten Blumenbildern oder in alten Gärten selbst gelegentlich noch zu entdecken, hat die konkurrenzfreie Pflege dieser Wildlinge im Garten zur Freude der Bäuerin manche kuriosen Spielformen, wie das panaschierte Glanzgras oder der gefüllte Kriechende Hahnenfuß, ansonsten ein ungeliebtes Kraut im Garten, hervorgebracht. Diese sind in der nachfolgenden Auflistung der Wildpflanzen mit einem „X“ versehen:

Alpenveilchen		Maiglöckchen	x
Aurikel		Nachtviole	x
Christrose		Narzisse	x
Diptam		Schlüsselblume	x
Eisenhut		Schneeball	x
Efeu		Schneeglöckchen	x
Fingerhut		Silbertaler	
Gänseblümchen	x	Seidelbast	
Glanzgras		Stiefmütterchen	
Pfirsichblättrige Glockenblume		Strohblume	
Grasnelke		Türkenbund	
Hahnenfuß	x	Veilchen	
Immergrün		Vergißmeinnicht	
Krokus		Wilder Wein	
Leberblümchen	x		

Neue Gartenpflanzen des 16. Jahrhunderts, die zumeist der heimischen Natur entstammen, z. T. in gefüllter Blütenform „x“ (flore pleno)

Zunächst wollen wir auf einige alte Kulturpflanzen zurückkommen, die man früher technisch nutzte. Sehr selten noch trifft man in Schleswig-Holstein auf den volkstümlich sogenannten Färberwaid, eine südosteuropäische Steppenpflanze. Schon in vorrömischer Zeit gewann man aus den Blättern dieser leuchtend gelb blühenden schönen Pflanze einen begehrten blauen Farbstoff. Durch die Einfuhr der indischen Indigopflanze im Mittelalter und später durch die Synthese der Anilinfarben verlor der Färberwaid seine Wettbewerbskraft und geriet in Vergessenheit.

Annähernd ebenso alt wie die Waidnutzung ist der Flachsanbau in Nordeuropa. Mancherorts wird der Lein seiner Samen wegen und ebenso auch zur Ölgewinnung angepflanzt; und die Schönheit seiner blauen Blüten wie seiner zarten Gesamterscheinung reservierte ihm sicherlich so manches Plätzchen im Bauerngarten.

Eine dritte hübsche Pflanze, die man im Spätsommer noch oft in Ortsnähe, an Straßenrändern oder Hecken in Schleswig-Holstein an ihren meist gefüllt blühenden rosa Blüten erkennen kann, ist das Seifenkraut. Auch sie hat heute ihr Ansehen als Gartenpflanze verloren, das nämlich darin bestand, daß man den Absud ihrer saponinhaltigen Wurzeln als Waschmittel benutzte.

Bereits Anfang des 15. Jahrhunderts kam der Buchweizen aus der Mongolei zu uns. Er wurde wohl weniger in Gärten als ackerbaulich kultiviert und gedieh auf ärmsten Moor- und Heideböden, vor allem der Schleswiger Geest. Er war, bevor ihm die Kartoffel den Rang ablief, ein wichtiges Nahrungsmittel in

Schleswig-Holstein. Eine weitere Pflanze, die eine andere mit großem Erfolg verdrängte, ist der aus Persien stammende Spinat, der bald darauf, wie Gesner in seinem schon erwähnten Gartenbuch berichtet, die bis dahin oft angebaute Gartenmelde ersetzte.

Im 16. Jahrhundert erreichten uns aus Südamerika zwei besonders geschätzte Gemüsearten: die Gartenbohne und die Tomate. Diese wurden allerdings noch fast 300 Jahre nur in botanischen Sammlungen gehegt, ehe sie Aufnahme im Bauerngarten fanden. Um die gleiche Zeit traten mit der Tollkirsche und dem Stechapfel auch zwei giftige Arznei- und Rauschpflanzen in der Gartenkultur auf. Der Stechapfel, in Amerika zu Hause, wurde und wird noch heute in Südrußland und auf dem Balkan angebaut. Von dort brachten ihn vor etwa 400 Jahren Zigeuner nach Deutschland mit. Die Tollkirsche ist in Norddeutschland nicht heimisch. Ihr gelegentliches Vorkommen, das in alten schleswig-holsteinischen Floren (Christiansen 1953 und Knuth 1888) hingegen noch belegt ist, läßt auf ehemaligen Anbau bei uns schließen. Beide Pflanzen dienten außer zu heilkundlichen Zwecken als Zutaten für die sogenannten Hexensalben, womit sich die Hexen Rauschzustände verschafften. Heute ist keine zuverlässige Rezeptur mehr überliefert (nach G. u. M. Haerkötter), denn „das Geheimnis nahmen die Hexen mit in ihren Tod“.

Die französische Gartenkunst

Der Beginn der Neuzeit hatte es mit sich gebracht, daß die Kirche ihre führende Rolle nicht nur in der medizinischen Forschung, sondern auch in Fragen der Gartenkultur verloren hat. Geistige und finanzielle Träger der Gartenidee wurden nun die Gelehrten der Medizin und Botanik sowie die Patrizier. In zunehmendem Maße zeigte nun der Adel ebenfalls verstärktes Interesse an der Gartenkunst. Für das übrige Europa in vorbildhafter Weise, hatte sich nämlich in Frankreich ein neuer Gartenstil aus den italienischen Anregungen der Renaissance entwickelt. Mit der Anlage des Schloßparkes von Versailles 1661 durch Le Notre, bei dem 40000 Menschen Beschäftigung fanden, war ein neues Gartenideal entstanden. Einige besondere Merkmale sollen hier herausgestellt werden: Zum Charakteristischen dieser Anlage gehört das fast Unendliche des Gartens, der sich in der weiten Landschaft zu verlieren scheint, was man durch lange Alleen und durch eine breite Mittelachse zu betonen wußte. Wegekreuze wurden in typisch barocker Manier durch ein Rondell optisch hervorgehoben. Le Notre erfand die auf einen Blickfang ausgerichtete Perspektive, den „point de vue“, z. B. der Tempel, der am Ende eines Weges steht.

Bäume und Sträucher wurden nur noch architektonisch verwendet, d.h. sie wurden durch eine meisterlich entwickelte Schneidekunst in die erforderliche Form gezwungen. Plastiken, Bauwerke, Wasserspiele und -becken, Vasen, heimliche, von Lauben umgebene Bänke, Terrassen, Orangerien und Hecken, alles das gab es reichlich, nur – fast keine Blumen mehr! Denn diese wurden im Verhältnis zur Gartengröße nur kleinflächig auf die stets geometrisch angeordneten Parterres und bizarr geformten Arabeskenbeete gepflanzt. Bevorzugt wurden damals Tulpen, Hyazinthen, Nelken und Löwenmaul. Welch dimensionale Ausmaße die Gartenanlage auch immer erreichte, stets waren Gebäude und Park architektonisch aufeinander bezogen. Schloß und Garten bildeten im französischen Hofleben sogar eine Funktionseinheit, der nun auch deutsche Fürstenhöfe nacheiferten. So rückte nicht nur der französische Lebensstil, sondern auch Sprache, Mode und die Gartenkunst Frankreichs in den Mittelpunkt des deutschen Interesses.

Zu den erwähnenswerten schleswig-holsteinischen Adelsgärten dieser Zeit zählen neben vielen anderen der Jersbeker Barockgarten und insbesondere der Gottorfer Neuwerk-Fürstengarten. In ihrer Blütezeit, die in etwa um 1700 liegt, galten die Gottorfer Gärten mit den botanischen Sammlungen als bedeutendste ihrer Zeit. So hatte dann auch die erste Exkursion von Naturwissenschaftsstudenten an der neu gegründeten Christian-Albrechts-Universität zu Kiel im Jahre 1686 die Stadt Schleswig zum Ziel, wo es in den Gottorfer Gärten die erste Aloen-Blüte nach erfolgter 30-jähriger Pflege zu bewundern gab (nach Prange mündlich).

Der Einfluß holländischer Gartenkultur

Das 16. und auch das 17. Jahrhundert waren für die meisten Bauern Schleswig-Holsteins von Kriegen, daraus resultierenden Hungersnöten sowie Unterdrückung durch die Obrigkeit, Adel oder Kirche, gekennzeichnet. Nach Beendigung des Mittelalters hatte der Adel durch Tausch oder Kauf große Hofwirtschaften (Meierhöfe oder Holländereien) eingerichtet, die ganze Dörfer umfassen konnten. Damit begann für die Festeleute die Hufenniederlegung. Als Erbpächter waren die Festebauern oder Landsassen nur Besitzer ihrer Häuser, nicht ihrer Gärten und Ländereien; dadurch blieben sie in steter Abhängigkeit vom Grundherrn. Sie mußten gegen gewisse Entschädigungen ihre Hufe abgeben, und es blieben nur wenige als Arbeitskräfte, die dann Hofdienste zu leisten hatten. Es gab derzeit auch freie Landbewohner, die Kätner. Ihnen wurde für bestimmte Gegenleistungen am Dorfrand ein kleines Grundstück überlassen.

Das bewegte Zeitalter der inneren und äußeren Kämpfe Schleswig-Holsteins gipfelte im 30-jährigen Krieg. Die Plünderungen und Verwüstungen der Provinzen durch Tilly und Wallenstein 1627 führten ebenso wie der Einfall schwedischer und kaiserlicher Truppen 1643 zu großer Verarmung der bäuerlichen Bevölkerung. Und ein drittes Mal zog 1658/59 mit der Belagerung durch polnische, kaiserliche und brandenburgische Heere das Kriegsgeschehen über das Land hinweg, zurück blieben viele verlassene und verwüstete

Hufen. Unter dieser geschichtlichen Prämisse ist es nicht weiter verwunderlich, daß die Gartenkultur, insbesondere die der Bauerngärten, einen Rückschlag erleiden mußten. Dort, wo man in Ungewißheit und Mühsal sein lebensnotwendiges Gemüse heranzuziehen versuchte, war sicherlich nicht viel Platz und Sinn für schmückende Blumen.

So lag es im Wesen der kriegsverwirrten Zeit, daß sich kaum Augenzeugen fanden, die uns einen genauen Einblick in den Zustand der Bauerngärten gestatteten, mit einer Ausnahme, die weiter unten noch Beachtung finden wird. Da richtete man seine Aufmerksamkeit lieber auf erfreulichere Dinge wie z. B. auf die neuen „Lustgärten“ vor den Toren Hamburgs. Nach Finder läßt sich in den Hamburger Chroniken eine Reihe verschiedener Beschreibungen dieser bürgerlichen Vorstadtgärten ablesen, die ein direktes Verbindungsglied zwischen der holländischen Gartenkunst und unseren Bauerngärten darstellen.

Gegen Ende des 16. Jahrhunderts hatten zahlreiche Niederländer aufgrund religiöser Verfolgungen ihre Heimat verlassen und siedelten sich u. a. auch an der schleswig-holsteinischen Westküste an. Sie bereicherten unser Land nicht nur durch ihr besonderes Können im Deichbauwesen und im Hausbau – Friedrichstadt beispielsweise ist eine holländische Gründung –, sondern auch durch ihre Lebenskultur. In der Zeit, als in Deutschland noch der 30-jährige Krieg wütete, standen die Holländer, die ihre Befreiungskämpfe bereits überwunden hatten, am Anfang einer wirtschaftlichen und kulturellen Blütezeit, die der europäischen Gartenkultur sehr förderlich wurde.

Als Blumenfreunde hatten sie schon von jeher allerlei Samen, Zwiebeln und Knollen von ihren Seereisen in die Heimat mitgebracht. Besonders die holländischen Zuchterfolge bei Tulpe und Hyazinthe, den Lieblingsblumen des Barock, sind erwähnenswert. Zwischen 1634 und 1637 schließlich wurde die Tulpenzwiebel in den Niederlanden ein Handelsartikel ernstester Art. Sie wurde zum Spekulationsobjekt, für das man nicht selten Haus und Hof verschleuderte. Diese „Tulpenwut“ ebbte ab und machte der Hyazinthenverehrung Platz, die 1830 ihren Höhepunkt in der Berliner Hyazinthenzucht erreichte. Nach den Zwiebelgewächsen verhalfen die Niederländer auch der Nelke, die schon den alten Griechen bekannt war, zu Ansehen und Verbreitung. Sie wurde schließlich die Modeblume des 18. Jahrhunderts.

Auch in der Gartenarchitektur haben die Niederländer eigene Wege beschritten, indem sie auf den Grundlagen des französischen Gartenideals aufbauend, eine neue Variante dieser Gartenanlage im eigenen Stil entwickelten. Diese holländische Kunstrichtung fand einen deutlichen Niederschlag in den bereits erwähnten Hamburger Lustgärten, die in der zweiten Hälfte des 16. Jahrhunderts auf den ehemaligen Hufen verarmter Bauern im Hamburger Marschengebiet „zur Sommerlust“ angelegt wurden. Ihre Besitzer waren reiche Kaufleute und zugezogene Niederländer. Finder liefert in seinem Buch „Hamburgisches Bürgertum in der Vergan-

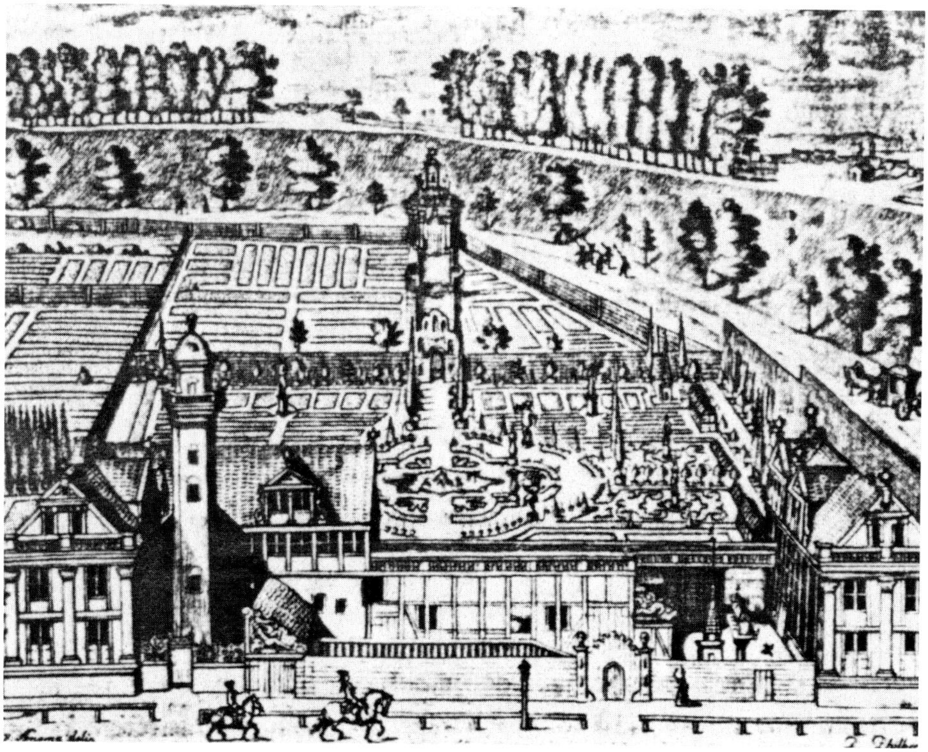

Abb. 5: aus Finder: Holländischer Garten

genheit" eine ausführliche Beschreibung dieser ländlichen Bürgergärten, die wiederum in vieler Hinsicht richtungsweisend für die Bauerngärten wurden. Von daher wollen wir uns etwas näher mit den „Holländischen Gärten" beschäftigen (siehe Abb. 5).

Nach dem Vorbild schleswig-holsteinischer Rittersitze waren diese Anlagen nicht selten von Gräben umgeben und standen mit der Straße über eine Zugbrücke in Verbindung. Das Gelände wurde zunächst streng geometrisch in vier sogenannte „Lustquartiere" eingeteilt und jedes für sich von Hecken eingefaßt. Anfangs noch schlicht in ihrer Anlage, nahmen sie im Laufe der Jahre immer mehr die geschwungenen Formen des Barock an. Diese mit dem Zirkel konstruierten Beete galten als eigentliches Schmuckstück des Gartens. In der Mitte der vier „Lustquartiere" pflegte ein Rondell ausgepart zu sein zum Aufstellen eines Brunnens, einer Statue oder eines Blumenkübels. Ringsum war der Garten von Laubengängen umgeben, die aus geschnittenem Buchs, Eibe oder Hainbuche bestanden. Diese Scherkunst bespöttelte übrigens Matthias Claudius später als „puren Schneiderscherz".

In die Laubengänge eingeschnittene Tür- und Fensteröffnungen gestatteten einen Einblick in das Garteninnere und wechselten sich mit Nischen ab, in denen Statuen verschiedenster Art zu finden waren. Nicht zu vergessen seien schließlich die zu absonderlichen Formen zurechtgestutzten Eiben- und Buchsbaumgestalten als ein unabdingbares charakteristisches Element dieses Gartentyps. Als besondere Spielerei ließen sich manche Gartenliebhaber sogar ein Labyrinth anlegen, in dem man sich „zwischen geschorenen Heckenwegen auf gediegene Weise verlustieren konnte“.

Der Garten sollte „durch Kunst das Auge erfreuen“ und nicht zuletzt auch zeigen, was man sich leisten konnte. Das Streben nach Ordnung und größter Sauberkeit nahm schließlich solche Ausmaße an, daß man meinte, auf Pflanzen und Blumen verzichten zu können. Und auch hier standen die Niederländer mit Rat und Tat zur Seite: So wurden die Wege mit buntem Sand bestreut, die Beete mit Muscheln, Korallen, Kohlenschlacken, teils sogar mit Marmor eingefaßt, „sehr zierlich und dauerhaft, für Luft und Regen beständig“, wie es im Jahre 1752 treffend beschrieben wird. Man erbaute Grotten, reichlich mit Muscheln und Schneckenhäusern geschmückt, die als heimliche Aufenthaltsorte sehr beliebt waren. In der Mitte der Lustquartiere aufgestellte Glaskugeln spiegelten die gesamte kalte Pracht wider.

Die Entwicklung der Holländischen Gärten reichte von ursprünglich ruhiger Einfachheit, Ordnung und Regelmäßigkeit in der Anlage bis zum erstrebten Abglanz herrschaftlicher Gärten, wie er in der zuvor geschilderten Überspitztheit und Überfeinerung der blumenlosen „kalten Pracht“ um 1750 zum Ausdruck kommt. Noch heute sind einzelne Gestaltungselemente des holländisch angelegten bürgerlichen Gartens im Bauerngarten wiederzufinden: Die Vierteilung der Fläche (selten), das Rondell im Wegekreuz, buchsgesäumte Wege, die geschnittene Laube sowie seltener Glaskugeln und Grotten.

Um Schlüsse auf das mögliche Pflanzensortiment in den Bauerngärten ziehen zu können, werfen wir nun einen Blick auf die Neulinge in den Blumen- und Gemüsekulturen der Hamburger Gärten. Da ist außer den uns bereits bekannten Zierpflanzen von Anemonen, Ranunkeln, verschiedenen Lilien- und Irisarten sowie von den aus Süd- und Mittelamerika stammenden Dahlien, Sonnenblumen, Indianernessel, Kapuzinerkresse, Feuerbohnen und den Studentenblumen zu berichten. Außer diesen kamen aus Nordamerika noch Herbstaster, Zinnie, Goldrute und Sonnenhut zu uns.

In dem vom Ziergarten tunlichst getrennt gehaltenen Nutzgarten, dem „Frucht- und Küchengarten“, standen neben dem Stein-, Kern- und Strauchobst die Maulbeerbäume unter besonderer pflegerischer Obhut. Ihre brombeerähnlichen, saftreichen Früchte waren äußerst beliebt und galten als sehr kostbar. Aus Frankreich stammende Johannisbeeren in mehreren Sorten und die große, weiße, sogenannte Englische Stachelbeere wurden ebenfalls in den Gärten gezogen. 1678 erscheint die Erdbeere und um 1700 die Himbeere in den Vierländer Gärten. Mit der Verfeinerung der Küche nach französischer Lebensart wurden um 1640, immer durch die Vermittlung der Holländer, Artischocke und Spargel bei uns eingebürgert.

Über die eigentliche Anlage des Hamburger Gemüsegartens sagt Finder wenig aus: „Nur selten entdeckte man in diesen Gärten eine Spur von Le Notres Geschmack", es fehlte „die schöne Einheit und die erhabene Größe, die dieser Künstler allen seinen Werken einzugeben wußte". Hieraus dürfen wir wohl schließen, daß es sich um sogenannte regelmäßige Gärten mit geraden, buchsgesäumten Wegen und umgebenden, gestutzten Hecken handelte. Abschließend sei zum Vorbild der Holländischen Gärten anzumerken, daß Finder das Verhältnis der städtischen Gartenbesitzer zu ihren bäuerlichen Nachbarn im allgemeinen als recht gut bezeichnet, was u. a. in Patenschaften zum Ausdruck kam und außerdem den Einfluß der bürgerlichen Gärten für die Weiterentwicklung der bäuerlichen als gesichert erscheinen läßt.

Der Landschaftsgarten

Eingebettet in die großen geistigen Strömungen der Zeit, Aufklärung und Humanität, ergaben sich in der zweiten Hälfte des 18. Jahrhunderts große Veränderungen in wirtschaftlicher, sozialer und kultureller Hinsicht. Die Niederlegung und Parzellierung der Meierhöfe führte zur Aufhebung von Hofdiensten, Leibeigenschaft und Feldgemeinschaften der Bauern. Durch Anerkennung der Erblichkeit ihrer Güter wurde den Bauern auch wirtschaftliche Freiheit gewährt. Diese Beschlüsse traten 1805 endgültig in Kraft. Sie waren die Voraussetzung für den zukünftigen wirtschaftlichen und sozialen Aufstieg des Bauerntums. Hiermit mag auch die Blütezeit in der Bauerngartenkultur eingeleitet worden sein.

Parallel zu den Agrarreformen trat ein Wandel im Gartenwesen ein. Man verlor die Freude am Regelmäßigen, Gekünstelten und Verschnörkelten und wollte der mit der Schere bezwungenen Natur wieder zu ihrer ursprünglichen Form und Schönheit verhelfen. Diese Ideen waren in England entwickelt worden und wurden dann durch die Ausführungen zur „Theorie der Gartenkunst" (1775) des Kieler Professors für Kunstgeschichte und Philosophie Christian Cay Lorenz Hirschfeld auch in Deutschland belebt und verbreitet.

Vereinfacht wiedergegeben sieht Hirschfeld im Gartenideal die Schaffung eines Parks, in dem sich von Bächen durchsetzte Wiesenstücke mit Baum- und Strauchgruppen abwechseln. Verschlungene Wege führen zu den verschiedensten Gartenpartien, die durch hinzugefügte Kunstwerke wie chinesische Pavillons, Tempel der Freundschaft und Liebe, künstliche Ruinen, Einsiedeleien, verborgene Grotten und dergleichen mehr im betrachtenden Menschen bestimmte emotionale Empfindungen hervorrufen sollen. Auf diese Weise konnte dem gesteigerten Empfindungsleben der Zeit Rechnung getragen werden.

Es ist nur zu verständlich, daß Hirschfelds Gartenideen bevorzugt in den herrschaftlichen Gärten Beachtung fanden. Hierzu gibt uns Koch einen

Abb. 6: aus Finder: Englischer Garten

Hinweis auf das Gut Maasleben/Schwansen, dessen französischer Garten im 19. Jahrhundert zum englischen Park umgestaltet wurde. Daß es den Englischen Garten aber auch „im Kleinen" gegeben hat, entnehmen wir folgender Anmerkung von Alfred Lichtwark (1892): „Das moderne Naturgefühl wollte erst im Park, dann auch im kleinen Hausgarten sich ein Stück unberührter Natur vortäuschen" (siehe Abb. 6). Wie es sich in diesem Zitat bereits andeutet, wird auch an anderer Stelle offenbar (hierzu siehe „Makartbouquet und Blumenstrauß"), daß Lichtwark kein Freund der parkähnlichen Gärten ist. Er stellt zunächst fest (1890), daß man in Norddeutschland nur noch die Englische oder freie Gartenform antrifft, aus denen der prächtige Flor der alten Blumengärten verschwunden ist. In diesen Gärten, so beschreibt er, gibt es allenfalls kleine, in die Rasenflächen eingefügte Beete mit Begonien, Lobelien oder Rosenhochstämmchen in „unruhiger, stockiger Zusammenstellung".

Die literarische Beschreibung eines Gutsgartens, der ursprünglich von einem französischen Emigranten „in großartiger Weise nach der Gartenkunst Le Notres angelegt sein sollte", finden wir in Theodor Storms Novelle „Von Jenseit des Meeres“. Von diesem Garten wird gesagt, daß ein „großer Teil, der sogenannte Lusthain, noch wohl erhalten“ sei. „Sogar von jenen graziösen Statuen, zu denen die schönen Damen vom Hofe Ludwigs XV. das Modell gegeben, sollte noch hie und da an Teichen und stillen Plätzen eine zwischen den hohen Laubwänden wie in verzauberter Einsamkeit stehen“.

Dann folgt die Schilderung des vorderen, im neuen englischen Stil erneuerten Gartenabschnitts: „Unterhalb der Terrasse breitete sich ein Rasen aus von solchem Umfange, daß von allen Seiten wohl nur ein lauter Ruf hinüberreichen mochte. Überall in der grünen Fläche zeigten sich üppige Gruppen hochstämmiger und niedriger Rosen, die eben jetzt in voller Blüte standen und die Luft mit Wohlgerüchen erfüllten. Dahinter war eine Gebüschpartie, die wie die Rasenanlage offenbar aus neuerer Zeit stammte; jenseits derselben, aber schon in ziemlich weiter Ferne, erhob sich in der ganzen Breite des Gartens der Lusthain des ursprünglichen Begründers mit seinen steilen Laubwänden und regelrechten Einschnitten der alten Kunst“. Ich möchte diese Gartenskizze Storms mit der Antwort des Erzählers auf die Frage, wie er denn dieses Paradies fände, abschließen: „Was ich sage, Grete ... und dieser praktische Landwirt duldet solche Raumverschwendung?“

Obwohl Lichtwark die Allgegenwart des Englischen Gartens, die ja einen bestimmten Beliebtheitsgrad angibt, betont, lassen die zuvor angeführten Zitate beider Zeitgenossen eine gewisse Skepsis gegenüber diesem Kunststil erkennen. Gleichzeitig drückt sich darin auch ein Bedauern über verlorene, ehemalige Gartenpracht aus. Hiermit mag am Ende des 19. Jahrhunderts der Übergang zur „Neuen Gartenkunst“ im Sinne Lichtwarks (1892 ff.) eingeleitet worden sein.

Auch das 18. Jahrhundert trug mit neuen Pflanzen zur Bereicherung unserer Gärten bei. Bereits im Jahre 1568 war aus Südamerika über Italien eine Pflanze, vornehmlich als botanische Besonderheit, nach Hessen gelangt, die bei den Italienern „tartufolo“ genannt wurde. Etwas eingedeutscht entstand aus dem fremdländischen Namen „Tartuffel“ und, als man ihren Wert in Deutschland so recht erkannt hatte, wurde daraus, vom Volksmund schließlich realistisch in Beziehung gesetzt, die „Erdtoffel“ bzw. der „Erdapfel“. So mühsam wie die Namensfindung war auch der Weg, den die Kartoffel zurücklegen mußte, bis sie zum meistverzehrten Gemüse Deutschlands vorrückte. Zwischen 1730 und 1740 wurden die ersten Kartoffeln für den gartenmäßigen Anbau aus Holland nach Hamburg gebracht. In Schleswig-Holstein setzte sie sich zunächst nur zögernd durch. Ihre ersten Anhänger fand sie bei den größtenteils aus Hessen stammenden Heidekolonisten, denen die Kartoffel bereits in ihrer Heimat vertraut gewesen war. Erst nach den schlechten Erntejahren 1771/72 stieg ihre Bedeutung, so daß sie seit 1787 auch feldmäßig angebaut wurde.

Im Ziergarten erschienen Resede und Roter Fuchsschwanz, die noch heute als typische Bauerngartenpflanzen gelten. Sonstige Neulinge waren Wucherblume und Chrysantheme aus Japan; sie verdrängten allerdings zusammen mit der südeuropäischen gelben Margerite das bis dahin im Bauerngarten viel gepflanzte heilkräftige Mutterkraut.

Im darauffolgenden Jahrhundert kamen schließlich noch Tränendes Herz und Blauregen aus Asien, Petunien, Lobelien und Begonien aus Südamerika sowie verschiedene Phlox-Arten aus Nordamerika hinzu.

Der Garten im „neuen gemischten Stil" des 19. Jahrhunderts

Annähernd hundert Jahre war der klassische Landschaftsgarten das Symbol politischer Freiheit und Vermittler von mystisch-historisch verknüpfter Empfindungen und literarischer Bildungserlebnisse gewesen, bis diese Gesichtspunkte im 19. Jahrhundert allmählich an primärerer Bedeutung verloren. Neue Erkenntnisse auf naturwissenschaftlichem, geistesgeschichtlichem und ästhetischem Gebiet bildeten im Zusammenhang mit den politischen Verhältnissen das Fundament, auf dem sich die Gartenkunst, von England ausgehend, in Deutschland weiterentwickeln konnte.

Man kehrte nicht nur zur alten Trennung von Park und Garten zurück, sondern ließ auch den geometrisch-architektonischen Stil erneut aufleben, ohne allerdings die bisherige Art der freien landschaftlichen Gartengestaltung zu ignorieren, wußte vielmehr beide Richtungen als „gleichberechtigte Alternativen der Gartenkunst" (von Buttlar 1985) zu verbinden.

Neben Herrmann Graf Pückler-Muskau (1785 bis 1871) und anderen war es insbesondere der Verdienst des preußischen Gartenkünstlers und Botanikers Peter Joseph Lenné (1789 bis 1866), den neuen „gemischten Stil", der unsere Gartenkunst in der zweiten Hälfte des vorigen Jahrhunderts prägte, in Deutschland zu kreieren. Auch ist ihm die Rückbesinnung auf Wert und Wirkung der Blume und schließlich ihre Wiederverwendung im Garten zu verdanken. Abb. 7 vermittelt einen recht guten Einblick in den Gestaltungsmodus der damalig „neuen Gartenkunst", die nach englischem Vorbild auch Pleasureground genannt wurde.

Eingebettet in den natürlichen Bereich einer Parklandschaft liegt ein formal angelegter Blumengarten, an dem gleich mehrere typische Stilelemente dieser Epoche erkennbar sind: zunächst die Teppichbeete, die grundsätzlich geometrisch geformt und regelmäßig (hier als Rosette) angeordnet sind. Diese frühen Teppichbeete (bei Lenné und Pückler) trugen bevorzugt sogenannte Florblumen, während man in den späteren klassischen Teppichbeeten der Kaiserzeit hauptsächlich Blattzierpflanzen und Sukkulenten verwendete. Der gärtnerische Anspruch, der an die Florblumen gestellt wurde, um ihre Funktion im Teppichbeet zu erfüllen, wurde neben allerlei Zwiebelgewächsen bestens erfüllt von Pflanzen, wie z. B. Balsamine, Bartfaden, Dahlie, Eisenkraut,

Fuchsie, Leberbalsam, Lobelie, Pantoffelblume, Pelargonie, Schlafmohn und Wandelröschen.

In dem auf Abb. 7 (Seite 42) gezeigten Beispiel des Glieniker Pleasureground wurden die Teppichbeete mit Rosen bepflanzt. Hierzu wählte man niedrig bleibende, möglichst remontierende, d. h. wiederholt blühende Sorten von Zentifolien, Moschus-, Bengal- und Monatsrosen aus, deren Triebe mit kleinen Haken in der Erde fixiert wurden, damit die Rosen kaum Langtriebe, sondern verstärkt die blütentragenden Seitenzweige entwickelten, was zu einer dichten „Teppichbildung“ aus Blättern und Blüten führte. Den gleichen gärtnerischen Effekt machte man sich zunutze, wenn es um die Bepflanzung der damals modernen Korbbeete bzw. eines Blumenkorbes ging.

Nach von Krosigk wurde das Stilmittel „Blumenkorb“ im Biedermeier vielfach verwendet. Sein Bezug zu den kunstgewerblichen Biedermeierkörbchen ist unverkennbar. Die Beeteinfassungen konnten wie hier aus Buchsbepflanzung bestehen oder aus Steinen, Korallen, korbähnlichen Elementen, Zement oder Metall. Die abgebildeten Kübelpflanzen und die Beetumrandung als solche ergänzten die bereits erwähnten Stilelemente; sie rufen uns in ihrer Gesamtheit den formalen Charakter der barocken Gärten deutlich in Erinnerung.

Ein Zeugnis der wie oben skizzierten Gartenkunst im „gemischten Stil“ kann heute wieder der Glienicker Schloßgarten in Berlin ablegen. Die im Laufe der Zeit veränderte und besonders in den Nachkriegsjahren entstellte Anlage wurde in den 80er Jahren nach alten Plänen teilweise restauriert. Sie ist Teil der berühmten Parkschöpfungen um Potsdam, Lebenswerk des Gartenkünstlers Lenné.

Daß der Landschaftsgartenstil auch in den schleswig-holsteinischen Gärten zum Tragen gekommen war (siehe Seite 37ff. und 75ff.), steht außer Zweifel. Wenn man den Zeitzeugen (Lichtwark 1897, Knuth 1891) Gehör schenkt, scheint diese Gartenmode überall im Lande verbreitet oder doch zumindest andeutungsweise im Präsentieren der typischen Teppichbeete erkennbar gewesen zu sein.

Einer von ihnen, Richard Haupt, der die damaligen Herzogtümer Schleswig, Holstein, Lauenburg, Lübeck und Ratzeburg als von jeher gartenfreundlich einstufte, beklagte sich wie viele seiner Landsleute über den Stilumbruch der französischen Gärten in Schleswig-Holstein durch den „englischen Gartengeist, der gerade in Holstein unter Leitung des Reigenführers Hirschfeld zu Kiel sein Tummelfeld fand“. Doch bezieht sich diese Klage in erster Linie auf die Veränderung von Fürstengärten, beispielsweise Eutin. Denn zur Frage der nordelbischen Gartenkunst in bäuerlich-bürgerlichen Kreisen äußert er sich wie folgt: „Selbst jeder Landmann hat vor dem Hause oder zwischen den anderen Pflanzungen seinen Hausgarten mit altmodischen Blumen und freut sich an dem Schmucke, der ernsthaft und oft vorbildlich angeordnet ist und gepflegt wird“. Wobei Haupt allerdings einräumt, daß es auch genügend Gegenbeispiele gibt, besonders bei den oft großartigen, ausgedehnten und gepflegten Pfarrgärten. „Gerade hier“, so führt Haupt aus, „treibt die Gier ihr

Spiel, den sogenannten Landschaftsgarten gerade da sich breit machen zu lassen, wo nur für ruhige Ordnung und heitere Regelmäßigkeit die rechte Stelle ist".

Die fehlende ruhige Ordnung und Regelmäßigkeit des Gartens, das Ersetzen alt vertrauter Gartenstauden durch neue Florblumen – waren sie der einzige Grund, weshalb die Kritik an der englischen Gartenmode, angefangen in Storms Novelle „Von Jenseit des Meeres (1865), über Lichtwark (1892, 1897) bis zu Haupt (1925), sich in der schleswig-holsteinischen, wenn nicht sogar deutschen Öffentlichkeit über Jahrzehnte hinzog? Es sind zumindest jene Kriterien, die in den Schriften dieser Autoren immer wieder auftauchten und deutlich machen, daß viele Menschen um die Jahrhundertwende unter dem Einfluß der englischen Gartenkunst irgend etwas im Gartenbild schmerzlich vermißten. Was es sein konnte und was es nach eigenem Empfinden eigentlich sein mußte, fand ich in der Schilderung eines alten, ländlichen Gartens in Pommern, den Agnes Miegel (1923) in ihrem Feuilleton „Das alte Gut" meisterlich beschrieben hat. Hieraus nachfolgendes Zitat:

„Eine verschorene Lindenhecke trennt ihn (den Blumengarten) von dem anderen Garten. In Ostpreußen würde man Park sagen, wie zu all diesen Gärten im englischen Geschmack. Hinter der Hecke, von Buchsstreifen eingefaßt, selbst so festlich und gemütlich wie ein Saal, ist das Sommerreich der Obstbäume, der Beerensträucher, der Stauden und Sommerblumen. Nirgends gibt es solchen wasserblauen Rittersporn wie hier. Nirgends solch eine bunte Prozession von lachsrotem Phlox und tiefblauem Sturmhut (Eisenhut), zwischen dem weiß und sanft die Madonnenlilien stehen. Sommerastern und Kokardenblumen, Mohn und Levkojen und Studentennelken, Jungfer im Grünen und Schleierkraut feiern mit in diesem Sommerfest. Durch den überreichen Segen an den Johannisbeerbüschen scheint die Sonne wie durch rotes Glas. Oh Sommerschönheit unserer altmodischen Landgärten – wer hat dich schon besungen? Die schönsten „Parterres" vor sämtlichen Schlössern Europas und Indiens verbleichen vor deiner bunten Glut, werden zu mathematischen Schemen vor deiner Wohlgefügtheit, in die sich der Rotkohl und der Kohlrabi genauso einfügen wie Rose und Dahlie".

Agnes Miegel, damals 43 Jahre alt, konnte aus eigener Erfahrung die zurückliegenden Jahre bis etwa 1885 überschauen; sie wußte also, wovon sie sprach, wenn sie einen alten Garten schilderte. So ist es denkbar, daß sie noch vom Wissen und Erleben alter bäuerlicher Gartenkultur, die ja im 19. Jahrhundert eine Blütezeit erfuhr, geprägt, mit erstaunlich wenigen Worten die ganze Vielfalt eines ländlichen Gartens auszudrücken wußte: Seine äußere Form, die Harmonie seiner nützlichen und schönen Bepflanzung und deren Ausstrahlung auf den betrachtenden Menschen – dieses alles verbindet sie dichterisch zu einem wunderbaren, vollkommenen Bild.

Abb. 7: Garten im „gemischten Stil“ aus: Der Landschaftsgarten von Klein-Glienicke

Die Reformbewegung der „Neuen Gartenkunst“

Das zweite Deutsche Kaiserreich wurde 1871 auf der politischen Neuordnung Deutschlands basierend gegründet. Die einsetzende Expansion von Industrie und Handel führte zu einem gewaltigen wirtschaftlichen Aufschwung der bürglichen Mittelschicht, die dadurch verstärkt am Erwerb von nutzbaren Hausgärten interessiert war. Eine weitere Folge der weltweiten Handelsbeziehungen, die Einfuhr neuer exotischer Pflanzen nach Europa, sollte sich geschichtlich als Bereicherung für das Fortkommen der Gartenkultur erweisen.

Zunehmend entstanden private Pflanzensammlungen, denn die Kapazität der Botanischen Gärten für eine erfolgreiche Kultur und Züchtung der Neulinge reichte bald nicht mehr aus. So ist es nur allzu verständlich, daß sich schon vor der Jahrhundertwende Stimmen mehrten, die Kritik an der herkömmlichen Gartenkunst übten; Kritik sowohl an der Erstarrung in alten Formen, wie z. B. Teppichbeeten, als auch an der als lächerlich empfundenen Nachahmung der Natur im Landschaftsgarten, die selbst in kleinsten Bürger- und Bauerngärten zum Tragen gekommen war. Nicht zuletzt forderte man einen gebührenden Raum im Garten für die Blumen zurück. Hierzu ein Zitat aus den Schriften Alfred Lichtwarks (1897): „Die Blume, heute das Stiefkind unseres Gartens, muß wieder wie in alten Zeiten seine Herrin werden... denn sobald der Hausherr von seinem Garten wieder Blumen verlangt, ist die klägliche Nachahmung der englischen Landschaft überwunden, und der kleine Garten am Haus kann wieder nach künstlerischen Grundsätzen mit geraden Wegen und Blumenbeeten angelegt werden."

Die nun einsetzende Diskussion über „die wahren Grundsätze der Gartenkunst" zwischen Gärtnern, Architekten, Künstlern und Gartenarchitekten, deren Berufsstand übrigens derzeit gerade erst im Entstehen war, sollte jahrzehntelang andauern. Man war sich zwar einig über die Notwendigkeit einer Gartenreform, ebenso wie darüber, daß dem Garten und der Gartenkultur eine insgesamt bedeutsame Stelle innerhalb der Gesamtkulturentwicklung zuzuweisen wäre, doch über das „wie" spalteten sich die Meinungen in zwei Hauptlinien auf: die Anhänger des Blumengartens einerseits und die des architektonischen Gartens andererseits. Die Kriegsjahre 1914 bis 1918 und ihre politischen und volkswirtschaftlichen Folgen brachten die Gartendiskussion nicht zum Erliegen, sondern regten dazu an, „der Gartenkultur zur Sicherstellung der Ernährung und der dazugehörigen Unabhängigkeit von äußerer Versorgungslage größte Beachtung zu schenken" (Glogau 1920).

Der Blumengarten

Das englische Vorbild, Blumen und Sträucher aus aller Welt in „Standorts- und Charaktergemeinschaften" zu pflanzen, nachdem sie durch regelrechte Zuchtwahl unseren Klima- und Bodenverhältnissen angepaßt worden waren, fand auch in Deutschland seine Anhänger. Der Pflanze als solcher in ihrer Eigenart, ihrem Zusammenklang durch Bildung von Blühgemeinschaften mit anderen Arten einen gebührenden Platz im Garten zu verschaffen, war das Anliegen derjenigen, die für die Anlage von artenreichen Blumengärten eintraten. Zu ihnen gehörte Karl Foerster, der wohl bedeutendste Staudenzüchter unseres Jahrhunderts. Durch nachfolgendes Zitat gewinnen wir Einblick in seine Denkweise, stellvertretend auch für andere, wie z. B. die Schriftsteller Hugo von Hoffmannstal und Rudolf Borchardt:

„Unser Zeitalter gab uns neben tausend Fortschritten – gleichsam als Gegenmittel gegen das allzu starke Sausen des Webstuhls der Zeit – nicht nur eine großartigere und inhaltreichere Naturempfänglichkeit, als irgendein früheres sie besitzen konnte, sondern die Menschenhand, in der sich mehr und mehr Fäden innerster Gesetze der Erd- und Himmelskräfte sammeln, löst auch in der stillen grünen Natur gesteigerte Gestalten in wachsender Fülle... Neue Blumengesichter von nie gesehener Schönheit und Eigenart blicken den erstaunten Zauberer an".

Der architektonische Garten

Die Idee, den Garten als erweiterten Wohnraum aufzufassen und wie diesen zu gliedern und zu gestalten, stammt ursprünglich aus dem antiken Rom. Möglicherweise noch immer als Gegenbewegung zum englischen Stil zu sehen, wurde der Wunsch, den Garten benutz- und bewohnbar zu machen, zum Leitbild vieler Gartenarchitekten, die sich wie der Rheinländer Arthur Glogau und der Lübecker Harry Maaß in ihren Reformbestrebungen an den „Geschmack der alten französichen und holländischen Gärten“ (Glogau) anlehnten und so zu teilweise neubarocker Gartengestaltung gelangten. Da wurden für die Ausstattung des Ziergartens neben Brunnen und kleinen Bassins „natürlich in streng geometrischem Grundriß – sehr schön“ (Zitat Glogau) , Vasen, Putten und andere Plastiken empfohlen, ebenso wie eine in einer Gartenecke an der Straße aufgestellte Laube oder Gartenhaus und ein Laubengang, der von der Straße zum Haus führte.

Obgleich beide hier erwähnten Gartenarchitekten im formalen Bereich ähnliche Vorstellungen entwickelt haben, gehen ihre Ansichten über die Ursache dessen, was eigentliche Gartenschönheit ausmacht, weit auseinander. Denn Glogau setzt sich gleichermaßen für die Beachtung der künstlerischen wie der nutzbringenden Aspekte im Garten ein. Bei aller Zuneigung zum regelmäßigen Garten – „alles muß Ordnung atmen“ – plädiert er in offener, liberaler Weise dafür, die Vielfalt der Staudenzüchtung als Krönung der Gartenschönheit in Staudenbeet oder -rabatte zu nutzen.

In dieser Frage nun sollte Maaß (1926) am besten selbst zu Wort kommen, denn er distanzierte sich „von der in den vorausgegangenen Jahren erfolgreich gepriesenen neuen Gartenromantik, die ihre Wiege in den Laboratorien erfolgreicher Züchter hat, deren willige Ammen und Pflegerinnen – die Gartenkonsumenten – Daseinsmöglichkeiten ihr zu bieten sich anschickten in ungastlichen Stätten, arm an Raum und Rhythmus“. Nach seiner Auffassung „ist die wesentliche Schönheit des Gartens bedingt durch die Harmonie der Linien, Flächen und des Raums“. Maaß legt Wert auf Einfachheit und Schönheit, aber, wie auch Glogau, mit einem klaren Ordnungsprinzip. Dieses Schönheitsideal trotz des wirtschaftlichen Tiefstandes langfristig zu erreichen, sieht Maaß als wichtige Aufgabe der Gartengestalter an, die, auch unter Ausschöpfung der technischen Möglichkeiten, „nichts unversucht lassen sollten, denn es geht um Wiedergewinnung und Gesunderhaltung des Menschentums und seiner Seele durch den Garten“. Abschließend wäre hier festzuhalten, daß ein Garten Maaß'scher Prägung in erster Linie als ein architektonisches Werk zu betrachten ist, während im Gegensatz hierzu der Gärtner Glogau nicht Gartenkunst, sondern die Gartenkultur im Vordergrund stehen sieht.

Welche Auswirkungen hat diese Konfrontation von Gartenarchitektur und -kultur innerhalb der öffentlichen Gartendiskussion nun auf die Bauerngärten gehabt?

Auf diese Frage finden wir in einem Aufsatz über den ersten Museums-Bauerngarten von Hans-Helmut Poppendieck (1992), einem hervorragenden Kenner speziell Hamburger Bauerngartengeschichte, eine umfassende Antwort. Nach seinen Forschungen liefert gerade der alte Bauerngarten im Sinne Lichtwarks (1892) den ersten Impuls zur Rückbesinnung auf den formalen Gartentyp, verstärkt durch die nach der Jahrhundertwende einsetzende Heimatschutzbewegung.

Durch Lichtwarks Einfluß gefördert, entwickelt sich Hamburg zu einem Zentrum für die Erneuerung der Gartenkunst. Die Einrichtung des „Niederdeutschen Bauerngartens“ – erster Museumsgarten überhaupt – im Botanischen Garten zu Hamburg im Jahre 1913 wurde zu einem großartigen Erfolg für die Bauerngarten-Idee. Als vielbeachtetes „Markenzeichen“ (Zitat Poppendieck) des Botanischen Gartens wurde der „Bauerngarten als Raumkunstwerk“ zum Vorbild für den aufstrebenden Berufsstand der Gartenarchitekten.

Welche Spuren diese Zeit der „ersten Bauerngarten-Mode“ in schleswig-holsteinischen Gärten hinterlassen hat, ist im darstellenden Teil heutiger Bauerngärten nachzulesen.

Der Kommende Garten der 20er und 30er Jahre

Die jüngere Geschichte der deutschen Gartenkunst ist bisher erst unvollständig erforscht. Insbesondere trifft diese Feststellung auf die nationalsozialistische Zeit zu, die auch im gartenkünstlerischen Bereich ein erst wenig beleuchtetes Kapitel deutscher Geschichte lieferte. Dankenswerterweise setzten sich Joachim Wolschke-Bulmahn und Gert Gröning 1986/87 mit dieser Frage auseinander. In meiner Darstellung dieses gartengeschichtlichen Abschnittes beziehe ich mich größtenteils auf die Forschungsergebnisse oben angegebener Autoren. Zitate ohne weitere Angabe entstammen ihrem Beitrag „Der Kommende Garten“ (1988).

Die weltweite Wirtschaftskrise Ende der 20er Jahre entfachte aufs Neue die Auseinandersetzung um Stil und Bedeutung der Gartenkunst. Es entstand der Begriff des Kommenden Gartens, der 1926 von Gustav Allinger, einem führenden Gartenarchitekten der 20er und 30er Jahre, geprägt wurde. Ein Garten dieser Art repräsentierte keine bestimmte Stilrichtung; seine architektonischen Möglichkeiten blieben offen, damit seine Ausgestaltung nach den individuellen Wünschen des jeweiligen Auftraggebers ausgerichtet werden konnte. Auf diese Weise vereinigte Allingers Garten die unterschiedlichsten Stilelemente, die zum Teil von architektonischem als auch landschaftlichem Charakter bestimmt sein konnten. Nach Allingers eigener Aussage wurde dieser Gartentyp erdacht „für einen schöpferisch tätigen Menschen, der eine große Verehrung für Pflanzenschönheit und ein starkes Naturgefühl in sich trägt. Für Menschen, die die deutsche Heimat lieben und doch zu ihrer Ergänzung exotische Pflanzen nicht entbehren können, die viel gereist sind, viel ge-

Abb. 8: „Entartete Gartenkunst"? – Weiße Lilien und violette Blüten – von Emil Nolde

sehen haben, deren Gedanken und gefühlsmäßige Erinnerungen durch den Inhalt des Gartens immer neues Leben erhalten werden".

Diese Charakterisierung ist meines Erachtens fast genau auf die Persönlichkeit Emil Noldes, des nordschleswigschen Malers, zugeschnitten. Im Alter von 60 Jahren hat sich Nolde an seinem neu erbauten Haus in Seebüll jenen prächtigen Blumengarten angelegt, ohne den sein Werk – fast – nicht denkbar wäre (siehe Abb. 8).

Andere Gartenarchitekten sahen in der Gestaltung des Kommenden Gartens noch andere Funktionsmöglichkeiten, z. B. als „Zufluchtsstätte ökologischer (Brandt) oder politischer Realität" (Mattern 1938).

Die Anfänge der Naturgarten-Idee und ihre Folgen Gartenideologie der NS-Zeit

Die ökologische Frage des Gartens, die erstmals im Jahre 1900 vom Gartenarchitekten Willy Lange diskutiert wurde, konnte zu dieser Zeit als ein neuer Aspekt innerhalb der Jahrtausende alten Gartengeschichte gelten, denn diese „neue Betrachtungsweise" dürfte mit großer Sicherheit auf den damals relativ jungen naturwissenschaftlichen Forschungen und Erkenntnissen des Alexander von Humboldt, Charles Darwin, Ernst Haeckel u. a. beruhen.

An dieser Stelle können Langes Kriterien zur Naturgarten-Idee nur andeutungsweise wiedergegeben werden. Zunächst gilt es, seine Definition vom Garten als „ein umzäuntes Stück Land zum Zweck der Pflanzenzucht" festzuhalten. Der Garten als erweiterter Wohnraum, dem Menschen dienlich, wurde also von daher abgelehnt. Als Naturfreund, Gärtner und Gartenkünstler, der sich gegen „die alttestamentlich anthropozentrische Weltanschauung" als „jahrtausendelang gepredigtes Herrschaftsrecht" stellte, weil er von einer Gleichberechtigung zwischen Mensch, Pflanze und Natur ausging, schuf er „den bewußt natürlichen, in Liebe zur Natur und nach den Gesetzen seines organischen Inhalts (besonders der lebenden Pflanze) mehr gestalteten als geformten Naturgarten".

Ein wesentlicher Teil seiner Gartenphilosophie ist die Forderung, daß der Garten der jeweiligen Landschaft angepaßt sein müsse. Nach Wolschke-Bulmahn/Gröning (1988) beruhen Langes Vorstellungen zum Naturgarten „auf der Überzeugung, daß diese höchste Stufe der Gartenkunst ein Rassemerkmal der germanischen oder nordischen Völker sei". Durch diese Verknüpfung von Begriffen, die sicherlich *so* nicht verbunden werden dürften, bastelte Lange mit „am Bild der Überlegenheit der nordischen Rasse, wie es von vielen Deutschen im Nationalsozialismus so bereitwillig angenommen worden ist".

Nicht wenige Gartenarchitekten übernahmen in den 30er Jahren die geistige Erbschaft von Langes Naturgartenkonzept und bauten es mit Hilfe der dem Nationalsozialismus eigenen Terminologie zu einer regelrechten nationalsozialistischen Gartenideologie aus. Über die Begriffsprägung, wie z. B. „heimische Scholle", „bodenständig" (Alwin Seifert 1930), dann die Wortpaarung „Blut und Boden" (Krämer) führt die Idee des Naturgartens zum „bodenständigen Garten, der der heimatlichen Landschaft angepaßt sein sollte" (Maaß 1936) und darüber hinaus schließlich zu einer „rassischen Gartengestaltung" (Albert Krämer 1936). Hierzu Krämer selbst: „Aber ebenso wesenseigene, aus Volkstum und Landschaft, aus Blut und Boden herausgewachsene deutsche Gärten fehlen uns noch. Erst unser Wissen von den Naturgesetzen des Blutes und seelischen Rasse-Erbgutes und von den Gegebenheiten des Heimatbodens und seiner Pflanzenwelt (Pflanzensoziologie) befähigt und verpflichtet uns zur Gestaltung von blut- und bodenverbundenen deutschen Gärten". Nach meiner eigenen Empfindung ist an dieser Stelle das Originalzitat am besten geeignet, einen Eindruck von der irrigen Verquickung verschiedenster Begriffe zu geben, die sachlich nichts miteinander zu tun haben, dessen ungeachtet dennoch dazu beitrugen, das nationalsozialistische Gedankengut und seine unseligen Folgen mitzutragen.

„Es gab jedoch nur wenig, zu wenig solcher Gartenarchitekten, die", wie die Autoren Wolschke-Bulmahn/Gröning anmerken, „es während es Nationalsozialismus wagten, die Ergebnisse einer jahrtausendealten internationalen

Gartenkultur gegen eine Gartenideologie zu verteidigen, die den Garten auf rassischer Grundlage suchte und die der Vorstellung Auftrieb gab, er müsse der heimischen Landschaft angepaßt und untergeordnet werden".

Zu diesen wenigen, die in dieser Zeit dem politischen Mißbrauch, der in der Verunglimpfung einer bestimmten, liberalen Kulturauffassung bestand, entgegentraten, gehörte der Staudenzüchter Karl Foerster, der den Parteigängern seines Berufsstandes 1941 folgendes entgegenhielt: „Die Frage, was ist bodenständig im Garten, ist schon falsch und zeigt, daß der Fragende noch nicht recht bodenständig in der Welt ist. Vor allem ist der Bodenständigkeitsbegriff aufgrund althergebrachter Gewöhnung ein für alle mal abzulehnen, wenn wir die Welt nicht künstlich verarmen lassen wollen; denn wenn man jung hergebrachte Pflanzen, die immerhin schon Gelegenheit hatten, ihre Kraft der Bodenständigkeit zu beweisen, nicht genügend Möglichkeiten gewährt, sich einzubürgern und althergebracht zu werden, dann säßen wir eben nur auf ein paar Wildpflanzen herum." Mit diesem Zitat Karl Foersters möchte ich die Situationsbeschreibung der Gartenkunst des Nationalsozialismus beschließen. Es ist nicht erkennbar, daß sich aus dieser Zeit fruchtbringende Impulse für den Kommenden Garten erhalten haben.

Der Neue Bauerngarten

Die Geschichte der Bauerngärten Schleswig-Holsteins war zu keinem Zeitpunkt eigenständig gewesen. Die Gründe hierfür wurden schon vorstehend erläutert. Wenn wir den Entwicklungsgang unserer Bauerngärten so, wie er hier skizziert wurde, über die Jahrhunderte rückblickend betrachten, so ergeben sich immer wieder Parallelen in bezug auf Anlage und Ausstattung zwischen den Bauerngärten und ihren richtungsweisenden Vorbildern. Diese waren zunächst die Kloster-, später die Fürsten- und Pastoren- und schließlich die Bürgergärten.

Die Reformbewegung der Neuen Gartenkunst in unserer ersten Jahrhunderthälfte, die ja wie alle Kunstepochen ein Spiegelbild ihrer Zeit war, entfachte auch die Diskussion um den derzeitigen Zustand des Bauerngartens. Der Nationalsozialismus wertete den Berufsstand der Bauern mächtig auf, was nicht aus wirtschaftlichen, sondern auch aus ideologischen Gründen geschah, denn auf dieser Basis ließ sich sein rassistisches Gedankengut mit den im vorigen Kapitel erwähnten Parolen besonders gut verbreiten. Hierzu das Zitat eines seiner Sprachrohre, Gartenarchitekt Maaß (1930): „Im Landschaftsbild unserer niederdeutschen Heimat hat sich allerorten ein Ungeist breit gemacht", dergestalt, „daß sich Artfremdheit dort einnistet, wo Heimatgebundenes gefordert und gefördert werden sollte". An anderer Stelle lesen wir seine Stellungnahme zum bäuerlichen Garten: „Steingärten und alle mit Pflanzenliebhaberei nun einmal verbundene Gartenbastelei ... Ziergräser, Polsterstauden, jede noch so reiche Sammlung neu entdeckter, neu gezüchteter

Blümchen und Spielereien" gelten Maaß als „artfremdes, der Wortkargheit der niederdeutschen Landschaft widersprechendes Gut".

Nach der relativ eintönigen, allgemein üblichen Bepflanzungsweise mit Florblumen im letzten Kaiserreich erlitt die Weiterentwicklung der Blumenkultur in den 30er Jahren einen erneuten Rückschlag aufgrund oben geschilderter Verfemung von Pflanzenarten ausländischer Herkunft durch den Nationalsozialismus, wobei die gleichen Maßstäbe wie hier auch bei Bäumen und Sträuchern angelegt wurden.

Obwohl man in jener Zeit sicherlich nur mit Schwierigkeiten eine eigenständige Meinung vertreten konnte, gingen glücklicherweise nicht alle Gartengestalter mit dem öffentlichen Kurs konform, so wie z. B. Max Schwarz aus Worpswede, der Anhänger der biologisch-dynamischen Wirtschaftsweise und Kenner der Bauerngartenszenerie Süd- und Norddeutschlands war. Nach seiner Vorstellung eines Bauerngartens von echtem Bauernsinn muß er ein Ort der Ruhe, Beschaulichkeit und Frohsinn sein, in dem das Wissen und die Liebe zum Boden und zur Pflanze, die in bunter und reicher, scheinbar regelloser Artenfülle vertreten ist, erkennbar wird. Zum einen spricht er sich für die Erhaltung von alten, traditionsreichen Gartenanlagen aus. Andererseits tritt er bei Neuanlage für den „Neuen Bauerngarten" ein, der, den Forderungen der Zeit entsprechend, räumlich nach Bepflanzungsbereichen untergliedert sein sollte, wie z. B. in Stauden-, Gewürz-, Gemüse-, Wassergarten und Rasenflächen.

„Die in ihm entfaltete Blumenfülle bedeutet keinen Luxus; sie ist anregender Ausdruck der Vielgestaltigkeit des Schöpferwirkens in den Pflanzen. Es sollten aber im Bauerngarten nicht die überzüchteten, in den städtischen Gärten gepflegten Blütenstauden ein Heimatrecht finden, sondern die in den letzten 50 Jahren wenig beachteten Heil-, Tee-, Würz-, Duft- und Riechkräuter und -sträucher wieder eine volle Würdigung erfahren und eine entsprechende Einordnung finden" (1937). Kritik sah Schwarz sehr wohl angebracht, wenn sich die Einflüsse von Stadtgärten im Bauerngarten stark bemerkbar machten, sei es in der Bepflanzung oder in der Auswahl der Baumaterialien.

An dieser Stelle erschöpfen sich die Quellen, die mir zur Verfügung stehen, um der geschichtlichen Entwicklung der schleswig-holsteinischen Bauerngartenkultur bis 1950 auf die Spur zu kommen. Es bleibt festzuhalten, daß die Veränderungen, die in der Gartenkunst stattfanden, niemals in ihrer Gesamtheit in die Bauerngärten übernommen wurden, sondern diese machen sich immer nur einzelne Elemente zu eigen, deren Zweckmäßigkeit dem Nutzungsbedarf der Bauerngärten entspricht.

Historische Gärten und Pflanzeninventare

Wie es bereits anklang, richtet sich die Aufteilung der Gärten in oben beschriebener Weise in erster Linie nach der Größe des Anwesens, aber auch nach den geographischen Gegebenheiten, überliefertem Brauch und nicht zuletzt nach den gärtnerischen Fähigkeiten der Bauersleute. Daher präsentierten sich die Bauerngärten erfreulicherweise von jeher in vielerlei Gestalt. Dennoch zeichnet sich der traditionelle Bauerngarten durch wenige typische Merkmale aus, die ich übereinstimmend in den historischen Beschreibungen von Meiborg, Storm, von Fischer-Benzon, Lichtwark, Kock und Wolf fand.

Hierzu ein Zitat aus Eschenburg und von Fischer-Benzon (1893): „Unter der Wohnstube, auch wohl vor dem Hauseingang findet sich vielfach eine Anlage, aus verschieden geformten Blumenbeeten („Krutblik“ oder „Krüderblik“, Plural „Bleek“) bestehend; das Wort Beet oder Beed ist auch gebräuchlich. Der Garten pflegt durch einen breiten Steig in der Mitte in zwei Hälften geteilt zu sein; diesen Steig begleitet auf jeder Seite ein langes, schmales Beet, die Rabatte. Mit Buchsbaum, Buschboom, an den Enden wohl auch mit Lavendel eingefaßt. Die Rabatten tragen Stachelbeer- und Johannisbeersträucher und daneben allerlei Blumen, oder sie sind ausschließlich für Blumenzucht reserviert. Dann wird dem Beerenobst ein anderer Platz zugewiesen. An geschützter Stelle befindet sich eine Laube oder ein Gartenhäuschen, „Löw“ oder „Lusthus“. Im Blumengarten ist den wohlriechenden Kräutern, „Rükkrut“ oder „Rükelsch“ ein besonderer Platz eingeräumt. „Rükelsch“ wird übrigens im westlichen Holstein auch zur Bezeichnung eines Blumenstraußes gebraucht, der in der Marsch „Krü'erbusch“, anderswo „Strüschen“ oder „Blomenstrusch“ heißt.“

Heutige Beispiele dieser Gartenform werden später noch vorgestellt werden (siehe auch Abb. 60).

Landesteil Schleswig

Die Gärten der Nordseemarsch

Alle alten Marschenhöfe liegen auf Warften, die stets von bis zu 25 Fuß breiten Gräben oder Graften umgeben sind. Hof und Garten liegen im Windschutz von Linden-, Pappel-, Erlen- oder Eschenpflanzungen. Im allgemeinen sind die Gärten selbst auch noch von Hecken aus Flieder, Goldregen, Holunder und Weiden eingefaßt; in Nordfriesland und Eiderstedt meist freiwachsend. „Innerhalb dieser lebenden Umfriedung findet man auf größeren Höfen ansehnliche Gärten, in denen außer vorzüglichem Gemüse, prächtige Blütenstauden selbstredend auch Obstbäume gedeihen“ (aus Meiborg).

In der Tat sind die prächtigen Gärten großer Besitzungen in Obst- (Appelhof), Gemüse- (Kohlhof) und Blumengarten (Krü'erhof) gegliedert und dokumentieren die Fruchtbarkeit der Landschaft und zugleich den Reichtum der Menschen.

Dithmarschen

Die älteste Angabe über einen Bauerngarten fand ich in der Bauernchronik des Hartich Sierk von 1627, aus der folgender Abschnitt stammt:

„Anno 1627 hebbe ick Hartich Syrck twe beerre böme (alse twe lichte Spete) van Claus Boyen thor Heide dem gardener syner fruwen gekregen, den einen heft se my vorehret, den andern hebbe ick ehr betalet vor 3½ ß; hebbe se gepatet den einen benorden minen sodt, den anderen besüden minen pesell; hebbe do ock den garden achter minem have upgeryset unde ock den appelbohm benorden den schünedriften gepatet, averst idt was all en grodt bom, alle wat unser 5 efte 6 dar hen dregen konden."

Hartich Sierk ist übrigens der einzige bäuerliche Chronist – und von daher die berühmte, einzige Ausnahme von der Regel –, der selbst zu seinem Garten Stellung nimmt. Das kurze Zitat enthält folgende Informationen:

1. Es gibt bereits späte Birnensorten,
2. schenkt ihm die Frau des Gärtners Claus Boyen, als Hüterin von Gartendingen, beim Kauf eines Birnbaums zum Preis von 3½ Schilling einen zweiten dazu,
3. hören wir, wo die Bäume gepflanzt werden, nämlich der eine an der Südseite des Pesels, der andere an der Nordseite des Brunnens,
4. scheint er seinen Garten durch Wiesenumbruch nördlich der Scheunendurchfahrt erweitert zu haben, wo hinein er dann mit mehreren Hilfskräften einen älteren Apfelbaum umgepflanzt hat.
5. Schließlich erfahren wir auch, daß diese Arbeit Männersache war.

Ein Meldorfer Pflanzensortiment

Mitteilungen über den tatsächlichen Pflanzenbestand im Dithmarscher Bauerngarten ließen sich nicht ausfindig machen. Aber geradezu als Fundgrube für das damalige Kultur- und Zierpflanzensortiment erwies sich das umfangreiche Preisverzeichnis des Meldorfer Kunst- und Handelsgärtners W. F. H. Runtzler aus dem Jahre 1855. Da der Gärtnermeister für Kunden aus Heide und dessen Umgebung auch auf die Bestellmöglichkeit bei einem Mitarbeiter dort verweist, liegt es nahe, daß ein solch reichhaltiges Pflanzensortiment über Dithmarschen hinaus Verbreitung gefunden hat.

Nachfolgend nehmen wir einen kurzen Einblick in das „frische und ächte" Meldorfer Pflanzenangebot; verzeichnet sind in Sorten und Arten unter I:

27 Küchenkräuter, 17 Kohl-, 6 Wurzel- und Möhren-, 5 Kohlrabi-, 6 Rüben-, 5 Radieschen- und Rettich-, 8 Zwiebel- und Schalotten-, 4 Gurken-, 6 Salat-, 3 Melonen-, 14 Erbsen-, 4 Stangenbohnen-, 4 Buschbohnen-, 2 Große Bohnen- und 5 Kartoffelsorten. Dem Blumenangebot (II) entnehmen wir: 6 Levkojen-, 2 Goldlack-, 1 Nelken-, 10 chinesische Astern-, 2 Stockrosen- und 2 Pantoffelblumensorten. Dann folgt eine Reihe von 25 weiteren Stauden und einjährigen Schmuckblumen sowie 16 Zwiebel- und Knollengewächse.

Angebot III enthält in Sorten: 2 Äpfel-, 2 Birnen-, 4 Kirsch-, 1 Pfirsich- und 2 Pflaumenbäume, 2 Weinreben, dann 1 Himbeer-, 1 Stachelbeer- und 2 Johannisbeersorten sowie Berberitze und Hagebutte, beide als Fruchtsträucher deklariert.

Neben 100 Straucharten und 6 Alleebäumen erscheint schließlich unter IV die stattliche Liste von über 100 Dahliensorten, die allerdings vom Rosenangebot (V) mit 176 Arten und Sorten noch überflügelt wird. Der uns interessierende Teil des Verzeichnisses schließt mit 50 Sorten Prachtstiefmütterchen, den sogenannten französischen „Pensées“.

Die Alten Rosen Dithmarschens

Wenn man sich mit der Vergangenheit Dithmarscher Bauerngärten befaßt, trifft man unweigerlich auf ein kulturhistorisch und ästhetisch besonders reizvolles Zubehör der bäuerlichen Ziergärten: die Alten Rosen. Als Alte Rose bezeichnet man die meist nur einmal jährlich blühenden Gartenrosen derjenigen Rosenklassen, die vor 1867 entstanden sind. Zu ihnen gehören die Rosa alba (Weiße Rose) und Rosa gallica (Rote-, Essig- oder Apothekerrose), die alten Marienblumen des Mittelalters, dann Rosa centifolia (Zentifolie), Rosa damascena (Damaszenerose), Rosa francofourtana, Rosa spinosissima und die Gruppen der zweimal blühenden Bourbon-, Remontant- und Noisette-Rosen.

Um die Alten Rosen in Schleswig-Holstein hat sich in unserer Zeit besonders Frau Gerda Nissen verdient gemacht. Mehr oder weniger zufällig kam sie ihnen auf die Spur, rettete etliche aus alten Gärten und von Friedhöfen vor Modernisierungs- und Säuberungsaktionen und bereicherte auf diese Weise den Innenhof des Meldorfer Landesmuseums um eine wunderschöne Sammlung von etwa 40 Alten Rosen (Stand 1987). Ihre Schriften enthalten viel Wissenswertes über die Geschichte der Rosen und ihrer Bedeutung in der Dithmarscher Volkskunst. Darüber hinaus tragen sie dazu bei, den Blick und das Bewußtsein für alte Gärten zu schärfen.

Die Mehrzahl der von Frau Nissen in Dithmarschen gesammelten und von ihr selbst bestimmten Rosensorten ist allerdings im Meldorfer Rosensortiment von 1855 nicht enthalten.

Die Gärten sind die Schmuckstücke vieler Haubarge. Der Wohnteil des Hauses ist meist von einer dichten Laubbaumreihe – am liebsten Linden – umgeben, die durch regelmäßigen Schnitt zur dichten „Hohen Hecke“ oder zu „Kastenlinden“ herangezogen worden sind. Die Beschattung im Sommer sieht man nicht als Nachteil an.

Abb. 9 zeigt uns den Plan eines dreiteiligen Gartens: In Hausnähe liegt im Schutze der Lindenhecke ein kleiner Obstgarten. Nordöstlich davon erstreckt sich der längliche, symmetrisch angeordnete kombinierte Zier- und Gemüsegarten. Der Weg im Ziergarten ist – vermutlich – mit Buchsbaum eingefaßt, wird durch ein Rundbeet geteilt und führt, wieder vereinigt, durch die Mitte des Gemüseteils über einen schmalen Graben in einen zweiten Obstgarten. Rondell (plattdeutsch Rondeel, wie es noch überall ortsüblich gesprochen wird) und Wegekreuz sowie die buchsgesäumten Wege lassen hier wie auch im Zier-Gemüsegarten auf eine alte, barockähnliche Gartenanlage schließen. Über das Alter, ob barock oder neobarock, wird nichts angegeben. Das Haus stammt aus dem Jahre 1760.

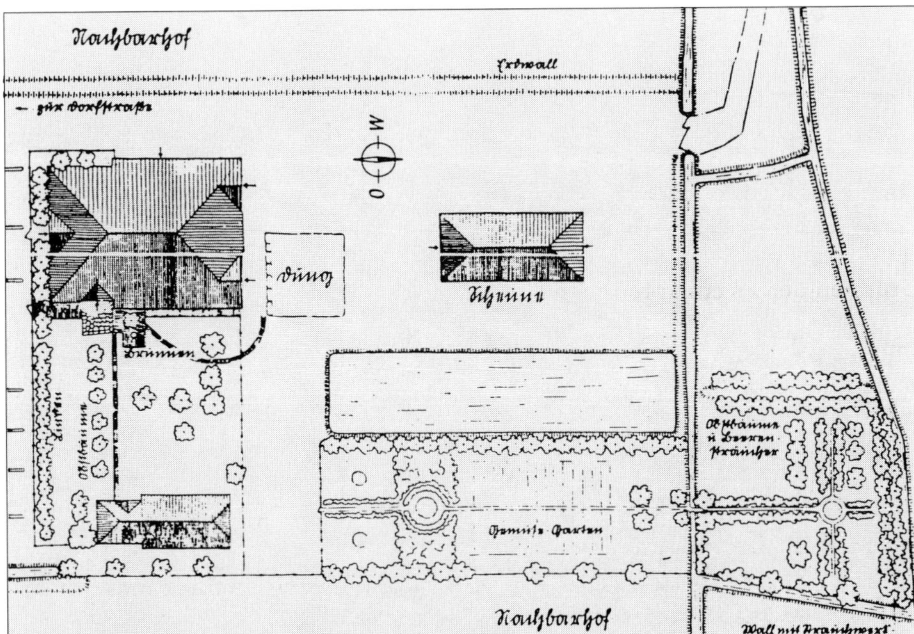

Abb. 9: aus Wolf: Haubarg in Wittendün/Sankt Peter, Eiderstedt, 1760

Daß sich die Vegetation der Obstgärten in 256 Jahren nicht wesentlich verändert hatte, kann Meiborg (1892) mit den Aufzeichnungen des Peter Saxen belegen. Denn dieser kannte bereits 1636 nicht nur Apfel-, Birnen-, Kirsch- und Pflaumenbäume aus Eiderstedts Gärten, sondern, man höre und staune, sogar 100-jährige Weinstöcke.

An Zierpflanzen finden sich in einem Eiderstedter Garten einige prächtige Bäume und Sträucher: eine gewaltige Yper (Eibe), deren Stamm von drei Männern nicht umspannt werden konnte, eine rotblühende Quitte, Paradiesapfel (womit Saxen nicht die Tomate, sondern den Roten Eiserapfel gemeint hat), Schneeball, Jasmin, Seidelbast, Jelängerjelieber, Pfeifenstrauch, Syringe (Flieder) und ein Maulbeerbaum mit pyramidenförmiger Krone von vier bis fünf Metern Höhe. Unter den Stauden befinden sich Primeln, Morgenrosen (Ringelblumen), Rittersporn, Eisenhut sowie „Hahn un Hahn“, der sich bisher nicht identifizieren ließ.

Dokument über einen Pastorengarten aus dem 17. Jahrhundert

Aus einer Veröffentlichung von Fischer-Benzon im Jahre 1895 „Zwei ältere Dokumente zur Geschichte des Gartenbaus in Schleswig-Holstein“ ist zu entnehmen, daß gegen Ende des 17. Jahrhunderts in Friedrichstadt ein Garten existiert haben muß, in dem ein Pastor namens Friedrich Fabricius mehr als 300 Arten – überwiegend Zierpflanzen – kultiviert hat. Dieses Pflanzeninventar wurde seinerzeit als eine Sammlung von 313 Pflanzenzeichnungen in einem Folio-Band dokumentiert, später in der Kieler Universitätsbibliothek aufbewahrt und schließlich von Fischer-Benzon aufgespürt. Aus seiner Überarbeitung ergaben sich 206 bestimmbare Pflanzenarten, die nicht alle als eigentliche Gartenpflanzen gelten können.

84 von ihnen gehören unserer Standard-Bauerngartenflora an; und 15 Arten wurden bereits im Capitulare namhaft gemacht. Etliche, wie Pomeranze, Feigenkaktus, Oleander, Tomate, Feige und andere sind nicht winterhart, so daß wir dem Pastor auch die Betreuung eines Gewächshauses oder Wintergartens unterstellen dürfen.

Eine große Übereinstimmung sieht von Fischer-Benzon mit der zeitgenössischen Gottorfer Blumensammlung, die später in der Kupferstichsammlung zu Kopenhagen aufbewahrt wurde.

Nach unserem Wissen waren die alten Pastorengärten in ihrer Zeit Vorbild für andere. So kann man mit einiger Sicherheit davon ausgehen, daß einige dieser „Pastorenblumen“ auch in der Umgebung von Friedrichstadt Verbreitung fanden.

Nordfriesische Inseln und Halligen

Insel Föhr

Die geologischen Gegebenheiten der Insel Föhr mit der Marsch im nördlichen und dem Geestkern im südlichen Teil sind, jede für sich genommen, nicht sonderlich gut für den Gartenbau geeignet. Dennoch präsentieren sich die Dörfer dem Betrachter im ausgehenden 19. Jahrhundert, gemessen an den erschwerenden klimatischen und geologischen Verhältnissen der Insel, im reichen Schmuck zahlreicher, allerdings meist kleiner Gärten. Denn die Dörfer siedeln im Grenzbereich von Geest und Marsch, wo sich durch Mischung der Bodenarten eine schmale, für den Gartenbau geeignete Zone ergibt.

Um möglichst viel Windschutz zu genießen, sind die Gärten fast stets ostseitig der Häuser gelegen und ansonsten durch Hecken und bzw. oder Steinwälle eingefriedigt.

Als Chronist Föhringer Gartenpflanzen steht uns Paul Knuth (1894) zur Verfügung. Er notiert für den Ziergartenbereich die ihm erstaunliche Anzahl von 52 verschiedenen Stauden und Einjahrsblumen, 12 Küchenkräutern und 24 Baum- und Straucharten. Sie sind eine Auswahl der auch sonst in Schleswig-Holstein beliebten Gartenflora. Der Obst- und Gemüsebau wird nicht so reichlich betrieben, denn die Obstbäume können nur bei ausreichendem Windschutz zur Reife gelangen. Hier stehen Apfel- und Birnenbäume an erster Stelle; Kirsch- und Pflaumenbäume kommen seltener vor. Neben den häufig anzutreffenden Johannisbeersträuchern finden sich auch Erdbeeren in den Gärten.

Von 23 erwähnten Gemüsen sind in erster Linie Kartoffeln und Kohl und hier insbesondere der Grünkohl zu nennen. Nachfolgend habe ich aus der Florenliste von Knuth diejenigen Föhringer Pflanzen zusammengestellt, für die sich 1894 noch friesische Bezeichnungen fanden; eventuell läßt dieses auf althergebrachten Anbau schließen.

Interessant ist die Anmerkung Knuths, daß die Föhringer alle Blumen mit dem friesischen „Rusen" für Rosen bezeichnen. – Die Rose als Königin der Blumen? Diesen Gedanken finden wir bereits bei Albertus Magnus –. Sollte auch der Begriff „Blumen" durch „Rosen" ersetzt gemeint sein, worüber sich Knuth nicht näher ausläßt, könnte man eventuell der nahezu tausendjährigen Tradition einer ursprünglichen Bedeutungserweiterung auf die Spur gekommen sein. Gemeint ist hiermit der im Mittelalter einsetzende Bedeutungswandel derjenigen Pflanzen, die damals ausschließlich ihrer Heilkräfte wegen angebaut worden waren; deren Schönheitswert dann jedoch allmählich überwog, so daß man sie allein aus ästhetischen Gründen pflanzte.

Mit Sicherheit war die Rose eine der ersten schön blühenden Pflanzen, die diese Bedeutungserweiterung erfuhr. Der Begriff „Rose" steht für Zierpflanze. Von daher wird es verständlich, daß jede nachfolgende Pflanze, die man als

Schmuck in den Garten nahm, zur Zierpflanze und durch Bedeutungserweiterung eben zur „Rose" werden konnte. Eine solche Namensübertragung könnte sich meines Erachtens gut in einer so alten Sprache, wie dem Friesischen, erhalten haben.

Liste der Föhringer Gartenflora mit friesischen Namen (nach Knuth)

Apfelbaum (Appel)
Birnbaum (Peer)
rote Johannisbeere (Riebersen)
schwarze Johannisbeere (Solbein)
Stachelbeeren (Staeckern)
rote Kirschen (Marellen)
schwarze Kirschen (Kaegschen)
Pflaumenbaum (Plum)
Kohl (Kual)
Rüben (Roben)
Rote Beete (ruad la Beeten)
Gurken (Gorken)
Kürbis (Flaskopler)
Zwiebeln (Euen)
Schnittlauch (Gäslook)
Schalotten (Erdapple)
Erbsen (Eerften)
Bohnen (Buanen)
Große Bohnen (Hingst-Buanen)
Sauerampfer (Süürbleten)
Gelbe Wurzeln (Güül Wortle)
Thymian (Thymijon)
Krauseminze (Krüsemont)
Kamille (Stirren-Krallen)
Ringelblume (Morgenrusen)
Dichternarzisse (Pfingsterlilli)
Weiße Lilie (Witte Stockrusen)
Kriechender Hahnenfuß,
gefüllt (Güül Knooper)
Mauerpfeffer (Stianpäpper)
Akelei (Klookrusen)
Eisenhut (Düwel un de Kutsch)
Bauernrose (Kaiserrose)
Schlafmohn (Muhnkopen)
Levkoje (Livkoje)
Goldlack (Vijolen)
Bartnelke (Je länger je lieber)
Federnelke (Negelken)
Große Fetthenne (Johannislook)
Tausendschön (Marleblömken)
Strohblume (Strährusen)
Fingerhut (Fangerhud)
Primel, Aurikel (Aurikelken)
gelbe Narzisse (Puasklilli)
Feuerlilie (Brandlilli)
Wildtulpe, Tulpe (Tolpen)
Zentifolie, Weiße Rose,
Dünenrose (Rusen)
Geißblatt (Düwelsklawen)
Liguster (Lagoster)
Syringe, Flieder (Katstörte)
Buchsbaum (Boskbuum)

Die Halligen

Plinius soll es vor annähernd 2000 Jahren geschaudert haben, als er in den Wildnissen des heutigen norddeutschen Wattenmeeres die Halligen samt ihren Bewohnern erstmalig erblickte, die dort, den Wind- und Meeresgewalten ausgesetzt, ihr Leben meisterten. Die Friesen indessen ließen sich davon nicht abschrecken und bemühten sich, selbst unter den für Pflanzenwuchs ungünstigen Bedingungen, ihr Leben durch Anlage von Gärten schöner und behaglicher einzurichten. Hier dem Wind noch unmittelbarer ausgesetzt als auf den Inseln, liegen diese meist im Osten oder Süden der Häuser, so daß die verhältnismäßig wenigen Zier- und Nutzpflanzenarten nach Knuths Eindruck zum Teil überraschend gut gedeihen können.

Hierzu schildert er uns 1894 den Garten auf der Hallig Süderoog, der ihm der prächtigste unter den Halliggärten zu sein scheint. Besonders ins Auge fallend sind eine Laube und eine üppige Hecke aus blühendem Bocksdorn; ebenso überraschend der Anblick einer wohlgewachsenen Roßkastanie, der einzigen ihrer Art auf den Halligen. An weiteren Holzgewächsen notiert Knuth: Weißdorn, Rose, Syringe und Holunder sowie als Obstarten Apfel-, Birn-, Kirsch- und Pflaumenbäume. Die zuletzt genannten setzen zwar regelmäßig Frucht an, doch wird diese meist, wie auch bei der Kastanie, vor der Reifezeit abgeschüttelt. Aus der typischen schleswig-holsteinischen Bauerngartenflora nach von Fischer-Benzon sind folgende Zierpflanzen auf Süderoog vertreten: Levkoje, Goldlack, Bart- und Federnelke, Aster, Tausendschön, Immergrün, Löwenmaul, Narzisse und Tulpe. Nutzpflanzen sind Kartoffeln, Wurzeln, Grünkohl, Bohnen, Gurken, Rote Beete, Zwiebeln, Porree, Schalotten und Schnittlauch.

Auf anderen Halligen sieht Knuth nicht nur die gleichen Bäume, Zier- und Kulturpflanzen, sondern es kommen auf der größeren Hallig Hooge noch hinzu: Esche, Ulme, Balsam-Pappel, Weide, Schneeball, Goldregen und Buchsbaum, der vor dem Königspesel 1894 sogar eine halb Meter hohe Hecke bildete. Bauernrose, Aurikel, Frauenminze, Himmelsleiter sowie Salat, Mai- und Runkelrüben, Kohlrabi, Petersilie, Sauerampfer, Meerrettich, Erdbeere und Erbsen runden Knuths Florenbeschreibung ab. Mit insgesamt 13 Baum- und Strauch-, 14 Blumen- sowie 18 Küchenkräutern und -gemüsen weisen die Halligen ein bedeutend bescheideneres Artenspektrum auf als die benachbarten nordfriesischen Inseln. Dieses Ergebnis hängt sicherlich nicht nur mit der Größe der jeweils untersuchten Areale ab, sondern läßt sich vermutlich auch auf die durch Windeinfluß verschärften klimatischen Bedingungen auf den Halligen zurückführen.

Von der Hallig Nordmarsch (heute ein Teil von Langeneß) liegt uns ein Gartenplan der Peterswarft von 1940 vor (siehe Abb. 10). Der sich südlich des Hauses befindende Garten ist mit acht rechteckigen Beeten sehr einfach angelegt. Insofern stehen Gartenanlage und der bescheidene Pflanzenbestand der Halligen miteinander in Einklang.

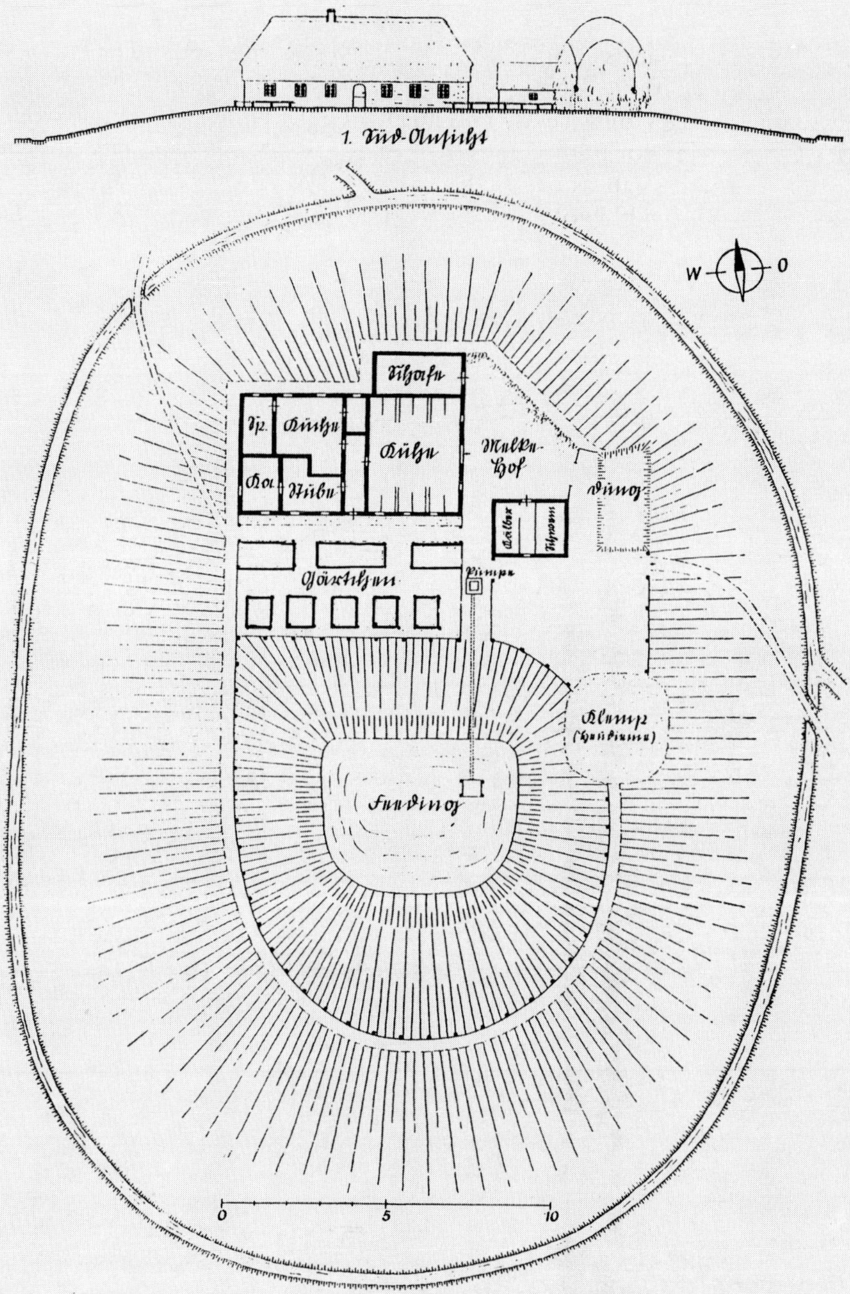

Abb. 10: aus Wolf: Plan der Peterswarft auf Hallig Langeneß

Helgoland

Die Gärten Helgolands gehörten im 18. Jahrhundert sicherlich nicht zu den Attraktionen der Insel. Richtiger sollte man hier lieber von Gärtchen sprechen, denn es waren im wesentlichen nur kleine Vorgärten, die sich in der Enge des Oberlandes vor und neben den damaligen alten Fischerhäuschen ausdehnten. Dennoch gab es dort einige botanische Besonderheiten zu beobachten, über die der Helgoländer Professor Paul Kuckuck seinerzeit berichtete.

Diese Besonderheiten haben mit den im Vergleich zum übrigen Schleswig-Holstein besonderen Klimaverhältnissen zu tun. Inmitten der atlantischen Klimaregion gelegen, zeichnet sich Helgoland durch ein außerordentlich mil-

Abb. 11: aus Kuckuck: Feigenbaum auf Helgoland

des Klima aus, das dem der südenglischen Küste vergleichbar ist und sich besonders im Winter günstig auf die Vegetation auswirkt. Sofern genügend Windschutz vorhanden war, gelang es den Helgoländern nämlich im 19. Jahrhundert, einige subtropische Pflanzen, wie den Maulbeerbaum, Japanischer Spindelbaum (Euonymus japonicus, ein Verwandter unseres Pfaffenhütchens), Scharlachfuchsie (Fuchsia riccartoni), Palmlilie (Yucca filamentosa) sowie eine Agavenart und die Echte Feige (Ficus carica) anzusiedeln. Besonders die Feige, die 1853 von einem 12-jährigen Knaben aus einem Ableger herangezogen worden war, entwickelte sich vor der Südwand eines Hauses zu einem prächtigen Baum (siehe Abb. 11), der jährlich einmal fruchtete. Kuckuck erwähnt, daß bis 1910 noch weitere Feigenbäume, von Ablegern des 1853 Gepflanzten abstammend, auf Helgoland erfolgreich kultiviert wurden.

Schleswiger Geest

Da die Ländereien auf der Geest im allgemeinen nicht sehr viel Ertrag einbringen, sind Haus, Hof und Garten auch dementsprechend bescheiden ausgestattet. Ein Steig teilt den Garten in zwei gleich große Teile. Im östlichen Teil stehen meistens die „Plant" (Kohlpflanzen), im westlichen die „Kantöffler". Es gibt nur wenige Beete mit Möhren und Schalotten, einigen Pflanzen „Suramkohl" (Sauerampfer) oder auch „Märrik" (Meerrettich). Zu beiden Seiten des Weges kümmerliche Johannis- und Stachelbeerbüsche. Direkt vor dem Hause schließlich eine kleine Rabatte mit Rosen und Nelken, – hiermit sind die Herrlichkeiten des Gartens fast vollständig aufgezählt (nach Meiborg).

Alte Heilmittel

Aus der schleswigschen Geest werden uns von Hans C. Davidsen alte Heilmittel des vorigen Jahrhunderts überliefert. Von diesen wählen wir diejenigen aus, die man als Kräuter im Garten anpflanzte und folgendermaßen nutzte: Wermut zur Blutreinigung im Frühjahr; Salbei zur Linderung von Halsbeschwerden; Eisenhut zur Anwendung bei Lungenentzündung; Fliederblüten in Milch und Honig gekocht, bei Erkältung; Meerrettich bei Zahnschmerzen; geriebene Kartoffel zur Behandlung von Brandwunden; Kamillenblüte bei Ohr- und Augenentzündung.

Sehr oft waren es alte Frauen, die in diesen Fragen Rat wußten.

Kartoffelanbau

Aus dem Jahre 1790 stammt nachfolgender Provinz-Bericht über den Kartoffelbau im nördlichen Schleswig: „Der Kartoffelbau liegt in der Gegend, wo meine Hütte steht, noch immer in der Kindheit. So hin und wieder bepflanzt wohl der eine oder andere Hausmann ein kleines Fleckchen Erde, aber ehe diese wenigen Früchte halb zu ihrem Wachstum gekommen sind, werden sie schon verzehrt. Öfters habe ich schon mit manchem sonst ganz gutartigen Mann über den Kartoffelbau gesprochen und ihm solchen angeraten; wenn er die Frucht auch nicht zu seinem Gebrauch anwenden, sondern lieber bei seiner Grütze bleiben wollte, könnte er dennoch bei ihrem Bau bei der Mästung seiner Schweine, Hühner und anderen Federviehs viele Tonnen Korn ersparen. Er mag die Kartoffel auch essen; doch bleibt ihm der Bau dieser Frucht mühsam, und er kann sich platterdings nicht dazu entschließen. Überhaupt kommen außer dem grasartigen grünen Kohl wenig oder gar keine Gartenfrüchte in seinen sogenannten Garten, und die Liebe zur Grütze beherrsche Tag auf Tag seinen Magen."

Dieser Bericht veranschaulicht, wie schwer sich die Schleswig-Holsteiner mit der Kartoffel anfreundeten und gibt zugleich einen Hinweis auf den Stand der Gartenkultur dort.

Bredstedt – Husumer Geest

Ostenfeld

Für die westliche Region fand ich bei Meiborg eine kurze Beschreibung des Dorfes Ostenfeld in der Nähe von Husum, worin auch ein „über den Gartenzaun geworfener Blick" enthalten ist. Meiborg schildert darin, daß die Grundstücke und Gärten von Stein- und Erdwällen umgeben sind, auf denen außer heimischen Wildpflanzen wie Esche, Eiche, Eberesche, Hagebuche, Wildrose, Stechpalme, Weißdorn, Geißblatt und Hopfen auch „Zierpflanzen fremder Herkunft" wie Syringe und Königskerze wachsen. Die Gärten sind unterteilt in anteilmäßig große Obstbaum- und kleine Gemüsegärten, hier Krautgärten genannt. Ihre Blumenbeete, von Buchsbaumhecken eingerahmt, bilden mit Tulpe, Lilie, Bauernrose, Schwertlilie, Sammetblume, Abendrot (Ringelblume) und Rosenbüschen den typischen Grundstock des alten bäuerlichen Zierpflanzeninventars.

Angeln

In fruchtbarer Landschaft mit reichem Pflanzenbestand konnte sich in Angeln bereits in der Vergangenheit, nach Aufhebung der Leibeigenschaft, eine reichhaltige Gartenkultur entwickeln. Neben Kohl- und Obstgärten, den „Appelhöfen", wurden im 18. Jahrhundert auch Hopfengärten von Bauern und Häuslern angelegt. Während etwa 100 Jahre später, als Meiborg die schleswigsche Provinz bereiste, bereits einige Großbauern neuartige, blumenarme „Englische Gartenanlagen mit großen Rasenplätzen und Strächergruppen" aufzuweisen hatten, folgten die kleinen Leute dagegen dem altmodischen Brauch und legten ihre Blumenbeete weiterhin in geradliniger Regelmäßigkeit an. „Hier wachsen die altväterlichen Blumen in großer Vielfalt und Dichte. Überall blühen Balsamblatt (Frauenminze), Krause Minze, Gretchen im Grünen (Jungfer im Grünen), Rittersporn, Stiefmütterchen, Ringelblume, Brennende Liebe, roter Mohn, Hortensien und „Baldersbraue".

Dieser letztgenannte Blumenname ist als „Baldersbryn" bei allen nordischen Völkern bekannt. Damit hat es folgende Bewandtnis: Balder der Gute aus der Edda-Sage war der zweite Sohn Odins. Von ihm ging, der Sage nach, so viel Licht und Glanz aus, daß es im Volksmund zu folgendem Vergleich kam: „Die weißeste aller Blumen ist wie Balders Augenwimper". In manchen Gegenden Dänemarks auch auf die Hundskamille und das Nordische Erdglöckchen übertragen, blieb der Name schließlich auf der schönen Weißen Lilie hängen. – Ein Hinweis darauf, daß diese Pflanze hier seit vielen Jahrhunderten Heimstatt genießt.

Wie auch N. Hoeck 1955 feststellt, fügen sich die Höfe Angelns besonders harmonisch in ihre Landschaft ein. Das liegt zum Teil darin begründet, daß die die Straßen begleitenden Knicks häufig in die sogenannten Vorderhecken der Hofanlage miteinbezogen werden. Daher weisen diese Hecken oft eine den Knicks ähnliche artenreiche Zusammensetzung aus allerlei Wildgehölzen wie Weiß- und Schlehdorn, Liguster, Heckenrose, Weißbuche, Wildstachelbeere, Ilex und seltener auch Eibe auf. Auch Kräuter wie Buschwindröschen, Primeln, Immergrün und Lichtnelken tragen zu ihrer Buntheit bei.

In der Abb. 12 sehen wir die mit reichlich Hecken versehene Anlage des Holländerhofes in Wagersrott (siehe auch Seite 77). Der südlich des Hauses gelegene Ziergarten in typisch barocker Einteilung – Vierteilung und Rondell-, wie auch der seitlich liegende Gemüsegarten, sind wiederum akurat von Hecken eingefaßt. Im Westen ist der Kohlhof durch eine Beerenstrauchreihe vom Trockenplatz abgetrennt. Direkt hinter der Baumreihe an der westlichen Giebelseite des Hauses erstreckt sich ein zweites Ziergärtchen: Von gleicher Breite wie das benachbarte Gemüseland wurde es kunstvoll in zwei halbrunden Blumenbeet-Elementen angelegt.

In Angeln sieht man, häufiger als anderswo, in Hausnähe einzeln stehende Bäume, die sogenannten Hausbäume, wie z. B. Linden, Kastanien, Holunder, Eschen, Walnuß- oder auch alte Apfelbäume. In die Ziergärten werden auch

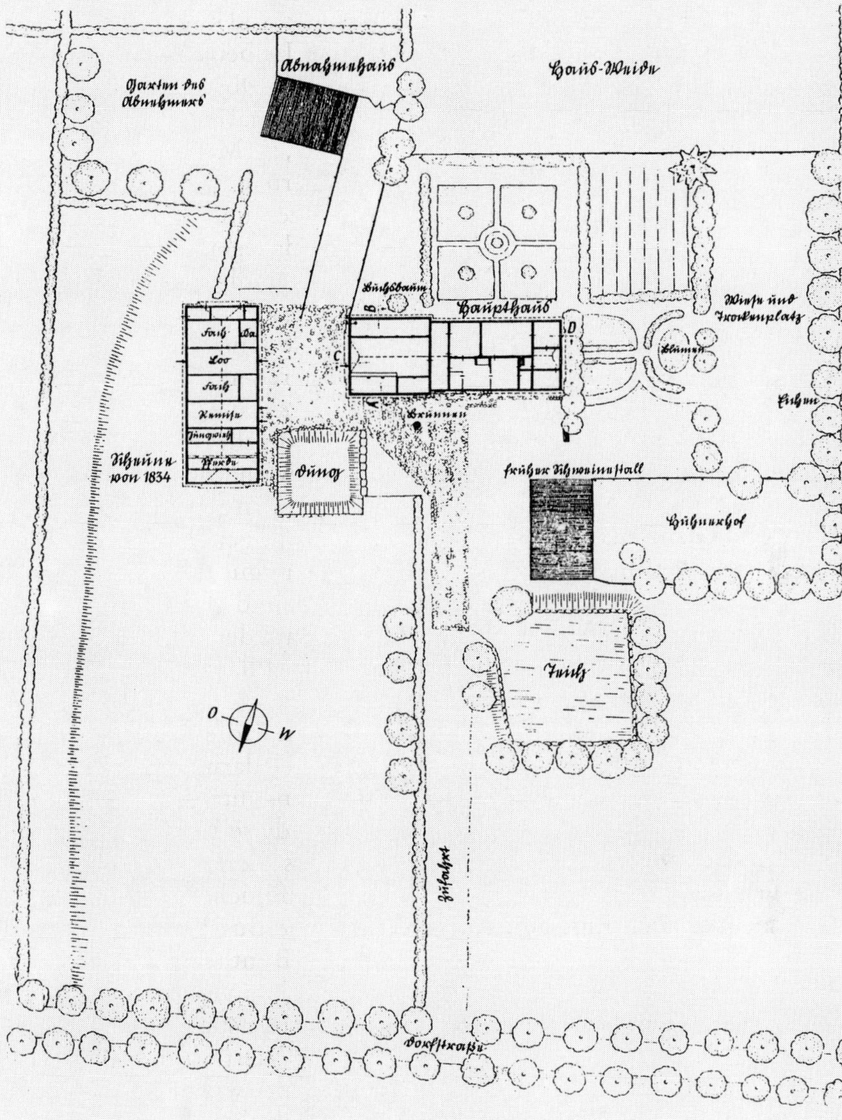

Abb. 12: aus Wolf: Holländerhof Wagersrott/Angeln

gern besonders schmückende Exemplare aus der heimischen Natur gepflanzt, wie Seidelbast, Stechpalme, hier „Christdorn“ genannt, oder wie auf dem Holländerhof ein – fremdländischer – Buchsbaum.

Die Überlieferung von vorhandenem ethnobotanischem Wissen wird in Angeln noch heute besonders gepflegt. Hierzu siehe Kranz (1983), Möller (1932), Schnegas (1984), Selk (1930/31) und Truelsen (1982).

Meiborgs Anmerkung über „vielerorts Stockrosen entlang der Häuser, teils mit brandgelben Prahlbohnen (Feuerbohnen?) berankt“, von 1896 soll dieses Kapitel beschließen.

Schwansen

Wie in allen östlichen Landesteilen Schleswig-Holsteins gibt es auch in Schwansen zwei Besiedlungsformen, den Gutshof und das Bauerndorf. Aus einem Dorf mit alten niedersächsischen Bauernhäusern stammt eine Hofbeschreibung des Volkskundlers Christian Kock, wie sie für die Zeit Jahrhundertwende in dieser Landschaft noch charakteristisch war: Durch ein mit Lattentüren gegen die Straße verschlossenes Hecktor gelangt man auf den Hofplatz, der entweder mit Steinen gepflastert ist (Stenbrüg) oder als Grasplatz das Geflügel beherbergt, seitlich gelegen der alte Wippbrunnen. Auf dem moosigen Reetdach erblickt man nicht selten den Hauslauch.

Der Garten dehnt sich hinter oder neben dem Wohnhaus aus und kann, seiner Größe entsprechend, auch in „Bleek“ (Bleichplatz für Leinen), Obstgarten und Kohlhof unterteilt sein. Bis 1750 rechnete man auf Gut Eschelsmark jährlich noch 168 Kohlköpfe pro Bauernhaushalt. Von den älteren Leuten wurde der Garten noch 1912 Kohlhof genannt, obwohl man den größten Teil zu der Zeit längst mit Kartoffeln für den Sommerbedarf bepflanzte.

Den Weg säumende Rabatten, eingefaßt mit Schnittlauch (Grasluk), Aurikeln oder Primeln, tragen Stachel- und Johannisbeeren sowie Blumen. Außer vielen neuen (1912!) Arten, die uns Kock allerdings nicht verrät, stehen hier die altehrwürdigen, wie Veilchen, Kaiserkrone, Zeitlose, Balsamine, Rosenstrauch, Stockrose, Nelke, Goldlack, Weiße Lilie, Salbei („Grau Sophie“), Eberraute und Buchsbaum. Das übrige Gartenland ist in schmale Beete aufgeteilt, auf denen folgende Küchengewächse gedeihen: Sellerie, Möhren (gäle Wuddeln), Kopfsalat, Spinat, Erbsen, Bohnen, Kohl, Zwiebeln (Zipolle), Schalotte, Petersilie, Thymian und Dill. Zur Einfriedigung des Gartens fehlen fast nie Flieder (Syrene) und Holunder (Flederbeernbusch).

Mit dieser Beschreibung vermittelt Kock ein typisches Bild des einfachen, regelmäßigen Bauerngartens aus dem 19. Jahrhundert, wie er in den Schwansener Bauerndörfern üblich war.

Nordöstliches Holstein

Probstei

Ihre Bodenqualität sorgt auch heute noch dafür, daß die Probstei durch reichlichen und vorzüglichen Gemüsebau bekannt ist. Abb. 13 zeigt uns einen Garten, der dem aus Schwansen geschilderten in seiner schlichten Ausführung zwar ähnlich ist, aber sich durch seine Größe von ihm abhebt.

Die stattliche Zahl von 33 Beeten, die ökonomisch gradlinig und ohne jegliches zierendes Beiwerk wie Rabatten oder ähnliches angelegt sind, läßt darauf schließen, daß hier über den familiären Bedarf hinaus Gemüse auch für den Verkauf herangezogen worden sein könnte. Die Größe dieses Gemüsegartens bedingt eine doppelte Hauptwegeführung. Obstbäume sind als Randbepflanzung in den Gemüseteil integriert. Ebenso praktisch und erst in zweiter Linie schmückend, ist die Gestaltung des südlich des Hauses gelegenen Ziergartens. Die zur Verfügung stehende Fläche ist in zwei ungleiche Abschnitte geteilt, die, beide zierend von kleinen Hecken eingefaßt, wiederum in lange, schmale Beete zerfallen. Eventuell hat man hier Schnittblumen für den Verkauf gezogen.

Die Groß-Flintbeker Eibe

Im hochgelegenen Pastoratsgarten von Flintbek steht ein Naturdenkmal von besonderer Schönheit: eine prächtige, vermutlich 1000jährige Eibe. W. Biernatzki, seinerzeit Königlicher Ökonomierat aus Voorde, veröffentlichte diesen Hinweis bereits 1925 in „Die Heimat". Eine Besichtigung dieses altehrwürdigen und vitalen Baumes ist auch heutzutage noch möglich und empfehlenswert.

Interessanterweise ist die Eibe – trotz ihrer Giftigkeit – der einzige Nadelbaum, der schon von jeher ein traditionelles Wohnrecht in unseren Bauerngärten genießt, was sich auf eine noch aus der Germanenzeit herrührende Verehrung dieses Baumes zurückführen läßt. Die düstere Erscheinung ihres dauerhaften Nadelkleides und ihr biblisches Alter – ein Eibenleben kann nämlich bis zu 2000 Jahre andauern – verleihen ihr etwas Zeitloses und Geheimnisvolles, das unsere heidnischen Vorfahren, ihrer pflanzen-mythologischen Betrachtungsweise entsprechend, mit ihren heiligen Totenkulten in Verbindung brachten. Die Menschen des Mittelalters betrachteten die Eibe dann als ein Symbol für das Leben nach dem Tode. Noch heute wird sie sehr häufig in Gärten und besonders auf Friedhöfen gepflanzt, vermutlich ohne das Wissen um ihre alte Sinngebung.

Ehemals war die Eibe ein in den germanischen Wäldern weit verbreiteter Baum. Sie wurde aber bis auf sehr wenige natürliche, heutige Vorkommen in süddeutschen Gebirgswäldern fast ausgerottet. Der Besuch eines solchen alten Eibenbestandes ist sehr beeindruckend, denn selten sieht man eine derartige Vielfalt an individuellen Baumgestalten wie hier.

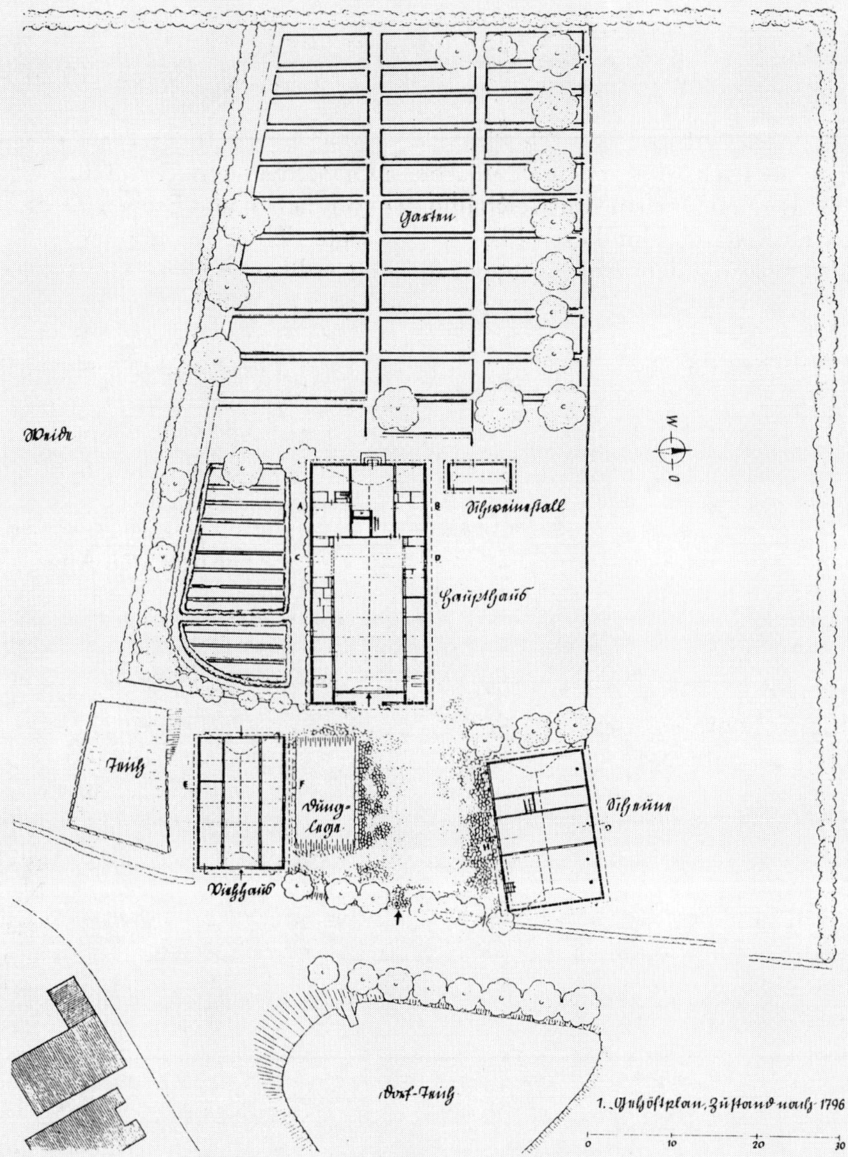

Abb. 13: aus Wolf: Gemüsegarten in Bendfeld/Probstei

Ein Fehmarner Garten

Als im 12. Jahrhundert die Zeiten allmählich vorüber waren, in denen Fehmarn im Ruf stand, Sitz geflüchteter slawischer Seeräuber zu sein (1075) (siehe Helmold), wurden unter der Lehnsherrschaft Heinrichs des Löwen holländische, friesische, holsteinische und westfälische Einwanderer auf der Insel seßhaft gemacht. Die alten Fehmarner Dorfformen schildert Düring (aus Wolf) als einen Dorfring mit Teich und der von Eichen und Eschen überschatteten Thingstätte. Um diesen Platz herum legte sich der Kranz der Gehöfte, stets giebelseitig dem Anger zugewandt. Die Kohl- und Gemüsegärten lagen sowohl seitlich als auch hinter den Gebäuden und wurden von Steinwällen umgeben. Der vor den Häusern – als sogenannte Brücke – liegende Streifen Landes wurde im Laufe des 17. Jahrhunderts von den Bauern eingefriedigt zum Brückengarten, der als eine Art Vorläufer unserer Vorgärten angesehen werden mag. Nach Meiborgs Überlieferung bepflanzte man ihn gern mit den gerade in Mode gekommenen Tulpen und nannte ihn daher „Zippelhawe“, Zwiebelgarten.

Abb. 14 zeigt eine Hofanlage aus Vadersdorf/Fehmarn, einem Dorf, in dem die ehemalige Angerforn noch ersichtlich ist; die Anteile des alten Angers haben sich die einzelnen Höfe inzwischen längst einverleibt. In dem hier ausgewählten Beispiel prangt an seiner Stelle ein in der Anlage auf das Wohnhaus bezogener Blumen-Vorgarten. Auch hinter dem Hause setzt sich die stilvolle Gartengestaltung – man kann hier durchaus die Bezeichnung „Gartenarchitektur“ gebrauchen –, in einem Ziergartenteil, nach barocker Art mit Doppelrondell, fort. Dieser wird in östlicher Richtung in gleicher Breite von einem Obstgarten abgelöst. Im Gemüsegarten, wiederum mit zwei Hauptwegen, welche die vorhandenen 48 Beete in drei Reihen untergliedern, steht noch eine zusätzliche Obstbaumreihe. Hecken einer- und Eschen andererseits geben dem Garten Windschutz.

Der bäuerliche Charakter dieser schön gegliederten Gartenanlage wird zum einen durch die Lindenreihe vor dem Haus und zum anderen durch die rückseitigen Hausbäume betont. Anscheinend ist mit der Übernahme Dithmarscher Baukunst auf Fehmarn im 16. Jahrhundert auch die Idee der windabwehrenden Lindenhecke mit eingewandert.

Ein Eutiner Mühlengarten

Daß die großen epochemachenden Gartenformen, wie z. B. die der Französischen Kunst, nicht nur die fürstlichen Gärten, sondern auch die bürgerlichen in Schleswig-Holstein beeinflußten, zeigt uns eine Mitteilung von G. Thietje über den Verkauf des Fissauer Mühlengartens 1710, auf die hier kurz eingegangen werden soll. In diesem Verkaufsvertrag werden nicht nur die zahlreichen Bäume wie Linden, verschiedene Obstsorten und Lambert-

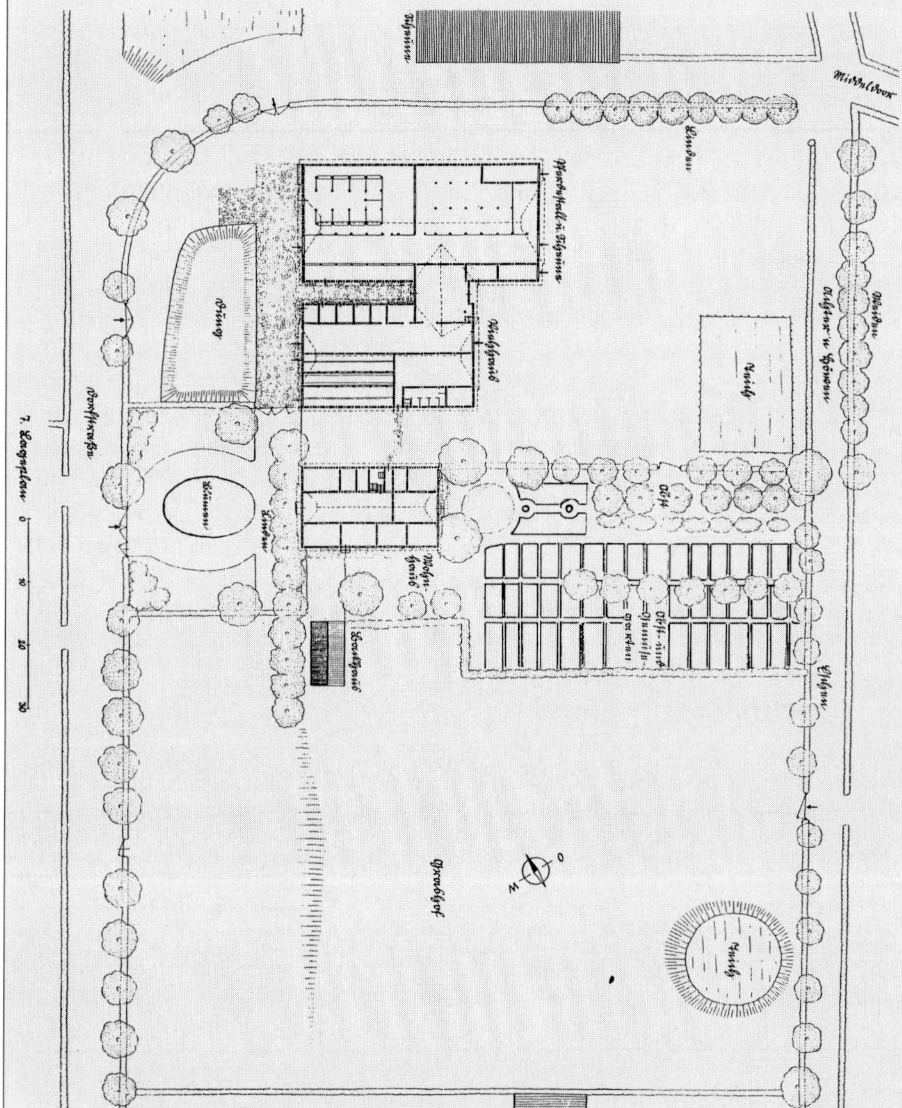

Abb. 14: aus Wolf: Garten in Vadersdorf/Fehmarn

Haselnüsse sowie „Johanniß- und Stachelbeerstauden" einzeln aufgeführt und auf 18 Reichstaler taxiert, sondern auch das „gantze Luststück mit Zwiebel und stauden gewäx, wie auch der gantze Bogengang" für 15 Reichstaler angegeben.

Unter dem Bogengang muß man sich den kunstvollen Laubengang vorstellen, der in der Renaissance aufkam und eine weite Verbreitung im Barock erlangte. Er bestand aus Lattenwerk oder Draht, um den Schlingpflanzen, Sträucher oder Bäume gezogen und in Form geschnitten wurden; sehr arbeitsaufwendig, daher ein besonders kostspieliger Punkt innerhalb dieses Verkaufsvertrages.

Ein Rosenstrauch in Cismar

Das „Neustädter Wochenblatt" berichtete am 8. Juli 1886 über einen Rosengarten:

„Der Polizeidiener Lindner zu Cismar hat in seinem Garten einen Rosenstock, an dem wir 3.553 Rosenknospen zu gleicher Zeit zählten. Wenn Sie etwas Schönes und Prachtvolles an edlen Rosen sehen wollen, kommen Sie an diesen Tagen nach Cismar, Sie werden in dem Rosengarten des Herrn Lindner reichen Genuß finden."

Einflüsse durch ehemals slawische Gartenkultur?

Jahrhundertelange Kämpfe zwischen sächsischen und wendischen, bzw. slawischen Volksstämmen um Siedlungsgebiete nördlich der Elbe, führten zu wechselnden Grenzlinien und damit zu wechselnden Kulturabgrenzungen. Im Jahre 810 nach Christus schließlich einigte man sich auf den Limes Saxoniae als Grenzverlauf zwischen beiden Siedlungsräumen. Die Frage nach slawischen Einflüssen auf die schleswig-holsteinische Gartenkultur liegt also auf der Hand und ist nach dem mir vorliegenden Forschungsstand nicht ganz eindeutig zu beantworten.

Aus den Untersuchungen von Prof. Plarre über die Ausgrabung und Rekonstruktion des wendischen, aus dem Mittelalter stammenden Rundlingsdorfes Düppel in Berlin, in dem auch mittelalterliche Gärten angelegt wurden, lassen sich keine Schlüsse auf eine eigene slawische Gartenkultur ziehen. Zu ähnlichen Ergebnissen kommt auch W. Schulz, der sich mit den Bauerngärten des niedersächsischen Wendlandes auseinandergesetzt hat. Schulz weiß zwar etliche Gartenpflanzen mit volkstümlichen Namen wendischen Ursprungs zu benennen, wie z. B. „salwaja" für Salbei, kommt aber nicht zuletzt auch aus Mangel an genaueren Einzelangaben über die verschiedenen Gegenden zu der Erkenntnis, daß sich die wendischen Bauerngärten nicht wesentlich von anderen niedersächsischen unterscheiden.

Es sieht so aus, als hätten Christianisierung und die Verordnung Karls des Großen zu einer gleichen Kulturform der Gärten bei sächsischen und slawischen Stämmen geführt. Zu dieser Frage liefert uns G. A. Hirsch 1894 einen wertvollen Beitrag, erschienen in der Zeitschrift „Die Heimat". Hier ist von jahrelangen Ermittlungen durch den Obst- und Gartenbauverein der Kreise Segeberg, Stormarn, Herzogtum Lauenburg und die benachbarten Lübecker und Hamburger Gebietsteile über die Verbreitung von 300 Obstsorten die Rede. Interessanterweise ergaben die Nachforschungen damals, daß die Verbreitung einiger Apfelsorten fast deckungsgleich ist mit dem alten Siedlungsraum der Slawen in Pommern, Mecklenburg und in dem holsteinischen Wagrien. Zu diesen Apfelsorten, deren Herkunft nicht überliefert ist, gehört auch der sogenannte Druv- oder Herrenapfel, der noch heute in Stormarner Bauerngärten anzutreffen ist.

Hierzu abschließend ein Zitat aus Hirsch: „Da die Verbreitungsgrenze des Druvapfels, wie erwähnt, in der hiesigen Gegend mit der Grenze der von slawischen Volksstämmen bewohnten alten Landschaft Wagriens auffallend übereinstimmt, so dürfte wohl anzunehmen sein, daß der Druvapfel eine speziell slawische Apfelsorte ist, die anscheinend nur in den von slawischen Volksstämmen bewohnten Gegenden im Küstengebiet der Ostsee im größeren Umfang vorkommt und vielleicht auch gerade in diesem Gebiet besonders gut gedeiht".

Südliches Holstein

Die Vierlande

Ursprünglich ein den Gezeiten der Elbe ausgeliefertes Sumpfgebiet, wurden die Vierlande etwa um 1100 mit Hilfe der Holländer eingedeicht und urbar gemacht. Bereits am Ende des 16. Jahrhunderts hatten die Bauern neben dem Ackerbau eine blühende Gartenkultur entwickelt, so daß das kleine Land zum großen Garten der nahegelegenen Stadt Hamburg werden konnte. Ermöglicht wurde dies durch den fruchtbaren Elbschlick-Boden und durch ein ausgesprochen mildes, feuchtes Klima, in dem Obst, Gemüse und Blumen gleichermaßen gut gedeihen.

Charakteristisch für den Vierländer Obst- und Gemüsebau ist seine große Sortenvielfalt. Das hatte zweierlei Gründe: Zum einen mußten, da ja der Hamburger Markt beschickt wurde, die städtischen Geschmackswünsche erfüllt werden, zum anderen arbeiteten die Bauern nur im Familienbetrieb. Daher war die Verteilung der Ernte über einen längeren Zeitraum mit wenigen Arbeitskräften leichter zu bewältigen als die Massenernte beim Anbau nur einer Sorte. Bei den Obstkulturen steht der Apfel an erster Stelle; als älteste Sorte wird der uns schon bekannte „Borßdorfer Apfel" aus dem Mittelalter überliefert. Im 16. und 17. Jahrhundert kamen neue Sorten, wie der Barckapfel (1572), der Kriegerische Apfel, auch Roter Eiserapfel genannt, und der Paternosterapfel (beide 1611) hinzu. Der Herbstprinz ist noch heute eine beliebte alte Apfelsorte. Zur gleichen Zeit gelangten mit dem Umweg über die Niederlande auch französische Sorten, wie z. B. die Reinetten, in die norddeutschen Gärten. Erst im 18. Jahrhundert folgten aus Frankreich auch Birnen nach, z. B. Muskateller- und Bergamottbirne, sowie die Quissemadame. – Aber auch die Vierländer taten sich als Züchter hervor: Aus Waldhimbeeren entstanden unter ihrer Hand die Gartenformen und verdrängten zusammen mit der Brombeere schließlich die einst so sehr geschätzte und mit Sorgfalt gehegte Maulbeere.

Besondere Erfolge versprach die Erdbeerzucht. Die „Vierländer Erdbeere" oder „Lütte Dütsch" galt als beste aller Sorten; sie ging durch Veredelung aus der Wildform Fragaria moschata, der Moschus-Erdbeere, hervor. Seit 1617, als man begann, sich verstärkt am französischen Geschmack zu orientieren, zieren auch Stachel- und Johannisbeeren (Krusel- und Johannis Drüweleien) die Vierländer Gärten. Neben dem üblichen Gemüse wurden überwiegend Frühkartoffeln angebaut; später eroberten zunehmend die Tomaten den Markt. Als vorzügliche Sorte ist noch heute die „Vierländer Tomate" zu empfehlen.

Einen Namen machte sich hier auch die Blumenzucht, insbesondere die Blumentreiberei. An erster Stelle wären hier die in Kalthäusern gehaltenen Alten Rosen zu nennen, deren Knospen man im vorigen Jahrhundert tonnenweise zur Rosenölherstellung nach Rußland und England verschickte. An zweiter Stelle standen die Maiglöckchen; sie werden im zeitigen Frühjahr aus den sogenannten Eiskeimen angetrieben und finden ihren Absatz auch heute noch als Konfirmations- und Brautsträußchen.

Wilstermarsch

Die Gärten in den Elbmarschen des Kreises Steinburg weisen aufgrund ihrer landschaftlich ähnlichen Verhältnisse viele Gemeinsamkeiten mit denen der Nordsee-Marsch auf: die äußere Umgrenzung durch Graften und Windschutzpflanzungen sowie die Unterteilung des Besitzes durch Gräben in mehrere Stücke. Jedoch blieb hier der holländische Ordnungsgeist weitaus deutlicher erhalten. Der alte, strenge Plan-Gedanke der Hufen und Stücke findet in der sorgsamen Heckenschur seine logische Fortsetzung, z. B. im Stutzen der Linden, die vor dem Wohnteil des Hauses den Wind abwehren; hierzu benutzte man nach Rave ein eigens angefertigtes Messer. Auch der Garten selbst unterliegt den strengen Ordnungsprinzipien: Seit alter Zeit werden sonnabends alle Wege fein geharkt und zu jedem Pfingstfest mit frischem Sand oder Kies bestreut. Der zur Haustür führende Weg ist oft mit Fliesen belegt. Unkraut hat selbstverständlich im gesamten Garten keine Chance.

Abb. 15: aus Wolf: Haus- und Inselgarten (links) im holländischen Stil in Wewelsfleth/Wilstermarsch

Eine großzügig angelegte Besitzfläche ermöglicht drei Gartenteile: der vor oder neben dem Haus sich befindliche Ziergarten umschließt nicht selten den Gemüseteil; daneben präsentiert sich, oft auf einem anderen Stück, der Obsthof als Inselgarten (siehe Abb. 15). Rave schildert die Bäuerinnen der Wilstermarsch als sehr blumenliebend; sie tauschen auch gern über den Gartenzaun – wobei es in diesem Fall der Wassergraben wäre –, um „anderen von ihrem Schatz abzugeben und um den eigenen stets zu ergänzen".

Übers Jahr verteilt blühen in vielen Gärten folgende Blumen:

Christrosen,
Schneeglöckchen,
Märzenbecher,
Veilchen,
„Ganze Kanten"
von Leberblümchen,
Perlhyazinthen
(Blaueppern),
Tausendschön,
Schlüsselblumen
Kaiserkronen,
einfache und gefüllte
gelbe (Osterblumen
und Lettelgöschen)
und weiße Narzissen,
Trollblumen (Eidotter),
Maiglöckchen,
Tränende Herzen,
Tulpen,
Bauernrosen
Spiräen,
Klusternelken,
Pechnelken,
Zentifolien, zuweilen
in ganzen Hecken,
Phlox,
Feuerlilien,
Georginen und
Herbstastern.

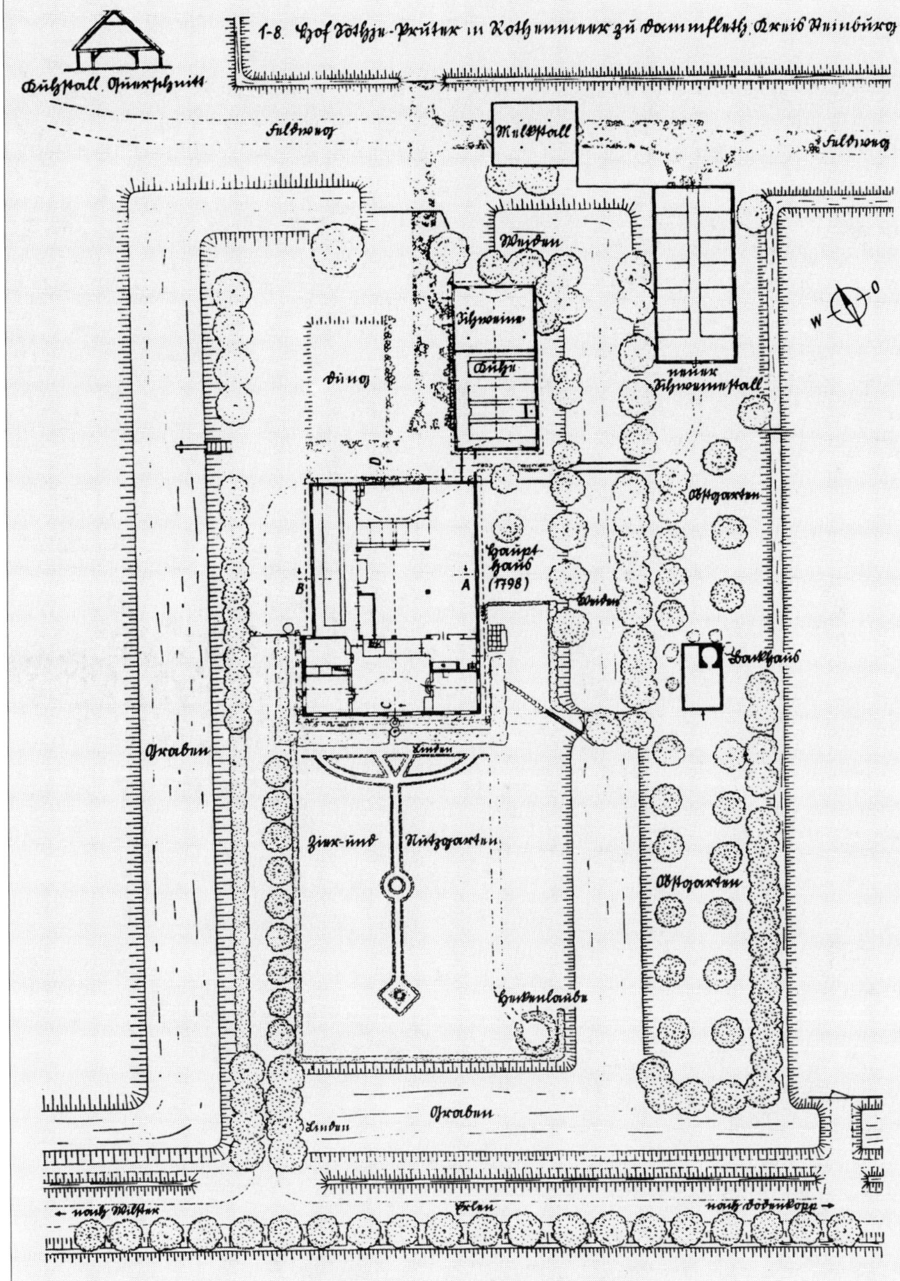

Abb. 16: aus Wolf: Hofanlage in Rothenmeer/Wilstermarsch

Blühende Sträucher sind selten. Flieder, Jasmin, Schneeball und Goldregen sind die einzigen. Bisweilen schmückte man seinen Garten auch mit bunten Glaskugeln – als Erbteil der holländischen Gartenkultur – oder auf einem Pfahl aufgestellten, umgekehrten Korbflaschen.

Nachfolgend sollen zwei Gartenanlagen aus Rothenmeer/Dammfleth und Stördorf vorgestellt werden, in denen sich verschiedene, inzwischen vergangene Gartenkunstepochen widerspiegeln. Zunächst der Garten Söthje-Pruter in Rothenmeer (Abb. 16): Die zweireihig anordneten Obstbäume auf der rechten Seite der Hofanlage und die von teils heckenartig beschnittenen Linden gesäumte Zufahrt links sowie der Verlauf der Gräben heben die rechteckige, längliche Form des Hofes deutlich hervor. Daß man hier auf Geradlinigkeit viel Wert legte, wird auch in der Anlage des kombinierten Zier- und Nutzgartens ersichtlich. Von kleinen Buchsbaumhecken oder Frühlingsblumen gesäumt (vielleicht „ganze Kanten von Leberblümchen"?), führt hier in der Fortsetzung der Haus-Längsachse ein Weg durch den Garten, inmitten durch ein Rondell unterbrochen, und endet an einem kleinen rhombischen Beet. Auch der Querachse des Hauses wird durch drei verschieden geformte Beete Rechnung getragen.

Am Ende eines zweiten Weges, parallel zu dem ersten und zugleich auf die Hausbreite bezogen, steht in der rechten vorderen Gartenecke eine zylindrisch geschnittene Heckenlaube (siehe auch Abb. 17).

Abb. 17: aus Wolf: Heckenlaube aus der Wilstermarsch

Der Garten ist insgesamt sehr geometrisch betont und in seinen Teilen gut aufeinander abgestimmt. Zweifellos läßt sich hierin noch das Vorbild der Holländischen Gärten erahnen.

Unser zweiter Garten (Abb. 18) liegt in dem idyllischen Stördorf, direkt hinter dem Stördeich. Schon die Größe des Anwesens verrät, daß man hier von einem gewissen Reichtum ausgehen kann, der eine großzügige Gartengestaltung ermöglichte. Von der Hofzufahrt, die mit versetzt gepflanzten und zu Kastenform beschnittenen Linden begleitet wird, führt ein gepflasterter Weg zum Haus. Um den Wohnteil schmiegt sich eine dichte Lindenhecke, die vor dem südlich gelegenen Eingang als Ehrenspalier noch kunstvoll ein Stück des Weges entlang läuft. Diese Tür zur Vordäl (Vordiele) benutzte man früher nur an Festtagen.

Östlich des Hauses geht die Lindenhecke in einen Laubengang über, der den Hauptweg zur Hälfte überdacht. Dahinter erblickt man den viereckigen Obstgarten, der durch einen schmalen Graben vom benachbarten Gemüsestück abgetrennt ist.

Der nördliche Gartenteil, wiederum von einem Graben und zusätzlich einer Lindenhecke begrenzt, leitet über zu einer parkähnlichen Gartenanlage. Verschlungene Wege führen hier durch unregelmäßig gepflanzte Baum- und Strauchgruppen, geradeso wie es in der bereits zitierten Novelle Th. Storms, „Von Jenseit des Meeres“, beschreiben worden war, bis zur südlichen Grundstücksgrenze.

Zur Straßenseite hin wird der Garten durch einzelne Bäume und eine regelmäßige Strauchpflanzung abgeschirmt. Den unteren, südlichen Gartenabschnitt nehmen Rasenflächen und Solitärbäume, wie Götterbaum, Traueresche und Ulmen ein. Ein versteckt liegendes, schilfgedecktes Gartenhaus ist auch hier zu finden.

Als bunter Blickfang erstreckt sich vor dem Gemüsegarten ein großes Rosenbeet.

Diese hier kurz skizzierte Gartenanlage des Großbauern Heinrich Reimers zeigt im Grunde genommen zwei Gesichter: zu dem ersten gehören die gestutzten Kastenlinden an Haus und Einfahrt, der Lindenhalbkreis vor der Bullenweide, der Laubengang, die geradlinige Wegeführung mit Wegekreuz und die umgebenden sauber geschnittenen Hecken. Es sind alles aus dem 17. und 18. Jahrhundert überlieferte Elemente der alten Holländischen Gartenkunst. Sein zweites Gesicht zeigt der Garten schließlich mit Park, Rasenflächen und bogenförmig verlaufenden Wegen. Es wird deutlich, daß eine zweite, spätere Epoche der Gartenkunst nicht spurlos an ihm vorübergegangen sein kann: denn dies sind typische Merkmale des Englischen Gartenstils aus dem 19. Jahrhundert. Der Reimersche Hof hat einen prächtigen Garten, der somit in zweifacher Weise zum Zeugnis der Vergangenheit wurde.

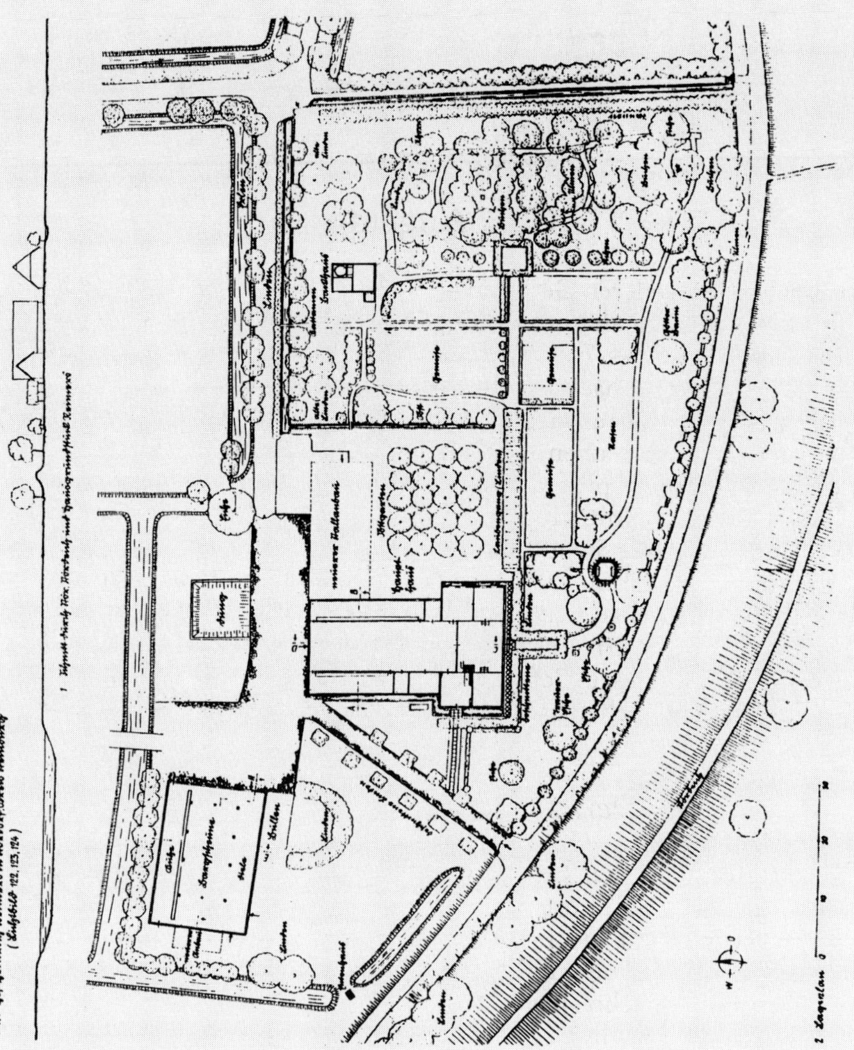

Abb. 18: aus Wolf: Hofanlage in Stördorf/Wilstermarsch

Darstellung heutiger Gärten nach regionalen Gesichtspunkten

Östliches Hügelland

Angeln

Im Vergleich zu anderen Gebieten hat sich der alte Charakter Angelns im Nebeneinander von Gutshöfen und Bauerndörfern mit ihren schönen Fachwerkhäusern nach Art des Wandständergerüsts im wesentlichen bewahrt. Wohl lange Zeit hatte sich nach Auskunft von Anneliese Möller, Schwensby, auch das Aussehen der Gärten in der von Hoeck beschriebenen Zusammenstellung, so wie er sie seit dem ersten Weltkrieg in Erinnerung hat, erhalten.

In den 50er Jahren pfiff allerdings ein neuer Wind durch viele Gärten Angelns, der durch die Initiative des Landwirts Hans Möller, hier neue, dem rauhen Klima angepaßte Staudensorten einzubürgern, verursacht wurde. Dieses Vorhaben gelang ihm in Zusammenarbeit mit dem Sichtungsgarten Weihenstephan und mit bekannten Staudenzüchtern wie Karl Foerster und Richard Hansen. H. Möller vermehrte die neuen Stauden selbst und sorgte für ihre Verbreitung. Sein Garten in Schwensby, fast zu einem Botanischen Garten umfunktioniert, legt noch heute ein imponierendes Zeugnis hierüber ab.

Der Holländerhof in Wagersrott

Schon auf Seite 62 war bereits die Rede vom alten Garten des Holländerhofes. Seit 1822 ist er im Familienbesitz.

Hier befinden wir uns nicht nur auf dem ältesten, urkundlich erwähnten Hof Angelns (1635), bestaunen nicht nur das kleinste Volkskundemuseum der Region, sondern – schon gleich beim Betreten des Hofes – auch den schönsten Güllebehälter, den wir je gesehen haben; denn dieser wird hier nach Dornröschens Vorbild von einer prächtigen Rosenhecke umsponnen. Überhaupt gehören Alte Rosen schon von jeher zu diesem Garten, wie z. B. die Große Zentifolie, die „seit Menschengedenken" vor dem Stubenfenster steht, dem klassischen Standort für duftende Rosen (siehe Abb. 19).

Die Rosenliebe der museumserfahrenen Landfrau verhalf diesem Garten durch das Anpflanzen weiterer alter Sorten aus den umliegenden Dörfern zu einer wunderschönen Rosensammlung, in der man Weiße, Bourbon-, Gallische, Pimpinell-, Damaszener- und andere Rosen bewundern kann.

1953 wurde der Garten teilweise umgestaltet. Dabei verschwand die kleine barocke Ziergartenanlage mit Rondell zugunsten einer zentralen Rasenfläche, die breit U-förmig von Blumenrabatten umgeben ist (s. Abb. 12). Auch die

Abb. 19: Duftende Rosen (Zentifolien) am Bauernhaus in Wagersrott

westlich des Wohnhauses gelegene ehemalige Blumenbeetanlage wurde aufgelöst sowie die Lindenreihe vor dem Haus entfernt; sie schaffte Platz für eine kleine blumen- und rosengesäumte Terrasse in der Nähe des Hauses. Nur die halbrunde Form der alten Anlage blieb erhalten. Bei der Gartenumgestaltung wurde anstelle der Apfelbäume, die die Zufahrt begleitet hatten, eine Lindenallee angepflanzt. Auf diese Weise wurde der ehemalige Bleichplatz, der ohnehin seine Bedeutung verloren hatte, ausschließlich zum Obstgarten.

Von ganz besonderer Bedeutung ist das Pflanzensortiment dieses Gartens: Annähernd 120 verschiedene Blumengesichter sind hier in ausgewogener Mischung von alten und neuen Sorten übers Jahr verteilt zu zählen, darunter seltene, wie Aufrechte Waldrebe, Taubenkropf, Türkenbund und Hunderte von Gauklerblumen. Fast selbstverständlich gibt es auch uralte Sorten, wie eine rotgelb geflammte Tulpe, die als einzige alle nachgepflanzten Neuzüchtungen überlebt hat.

Im benachbarten Küchengarten entdeckt man zwischen 18 Gemüse- und fünf Kräuterarten noch die Große Bohne, die hier Pferdebohne heißt und heute relativ selten ist. In diesem Garten wird sie jedoch weiterhin das Gastrecht behalten, weil sie unentbehrlich ist beim Kochen von „Schnüsch“, einer Angeliter Spezialität aus den ersten jungen Gemüsen der Saison. Das Verlangen danach soll einem rechten Angeliter stets in die Wiege gelegt worden sein!

Zu den traditionellen Ziersträuchern wie Flieder, Seidelbast, Stechpalme (in Angeln „Syrene“, „Pfefferstrauch“ und „Christusdorn“ genannt) und Falscher Jasmin (in drei alten Sorten!) sind bei der Gartenreform mit Essigbaum, Hartriegel und Ranunkelstrauch einige neue zur Auflockerung der Staudenrabatte hinzugekommen. Im Obstsortiment (20 Sorten) ist der Pflaumenbestand von sechs Sorten, darunter die seltene „Pfirsich-Pflaume“, sehr bemerkenswert. Schließlich ließ sich auch noch eine weitere Rarität, nämlich die „Angeliter Röv“, aufspüren. Aus dieser „Rübe“ läßt sich allerdings schlecht Rübenmus kochen, denn hier handelt es sich um einen beliebten großen, eckigen Lagerapfel – „echt aus Angeln“.

Die Endmoränenlandschaft der Duvenstedter und Hüttener Berge

Aus der bewegten Endmoränen-Landschaft, die sich um die Eckernförder Bucht herumzieht und deren markanteste Erhebungen die Duvenstedter und Hüttener Berge sind, möchte ich zwei Gärten aus der Umgebung von Groß-Wittensee vorstellen.

Ein Garten in Jürgensrade

Der Garten dieses Hofes, der sich seit acht Generationen im Familienbesitz befindet, wurde um 1928, als die Altbäuerin auf den Hof kam, im wesentlichen so, wie er sich heute noch präsentiert, angelegt. Von einem separaten, links vom Hof liegenden Obstgarten einmal abgesehen, lassen sich hier zwei Gartenbereiche in jeweils rechteckiger Grundform unterscheiden: ein vorderer und ein seitlicher Ziergarten sowie die große, sich hinter dem Haus befindende Gartenpartie. Diese wird durch einen kiesbestreuten buchsgesäumten Mittelweg in Gemüse- und Ziergarten aufgeteilt.

In den sehr gepflegten Staudenbeeten – mit rund 100 Arten und Sorten neuer und alter Bauerngartenblumen in einem ausgewogenen Verhältnis – stehen erfreulicherweise auch einige Wildpflanzen, die von der Bäuerin sehr geliebt werden, beispielsweise Wiesenmargerite, Sumpfschwertlilie, Drahtschmiele, Rohrglanzgras sowie Esels- und Mariendistel, wobei die letztgenannte früher häufiger als Heilpflanze im Bauerngarten angepflanzt wurde.

Mit Stolz wurde auf das Polyantha-Rosenbeet (vermutlich Sorte Rödhätte von 1911) im Vorgarten hingewiesen, denn diese steht vital und schön wie neu gepflanzt, fast ohne Ausfälle seit 1938 am gleichen Ort. Ebenso alt mögen die beiden Eiben sein, die das Erkerfenster umrahmen.

Die Ausbildung zur Hauswirtschaftsmeisterin vermittelten der Landfrau den größten Teil ihrer heutigen Garten- und Ernährungskenntnisse, die im

Abb. 20: Gründüngung mit Wintergerste im Gemüsegarten von Jürgensrade

Nutzgarten auf überzeugende Weise angewandt werden: Auf 227 m Nutzfläche erwirtschaftet sie die Menge Obst und Gemüse (Äpfel ausgenommen), mit der durchschnittlich acht Personen etwa neun Monate lang ernährt werden. Ihr ist die Versorgung der eigenen Familie und ihrer jungen Praktikanten mit gesundem, hochwertigem Gemüse wichtig. Außerdem ist es ökonomischer, das Gemüse mit Hilfe der Praktikantinnen selbst zu erzeugen als es zu kaufen.

Der Gemüsegarten bietet neben vier Kräutern eine Auswahl von 19 Gemüsen, darunter einige in Gärten seltener zu findende, wie Stangenbohnen, Mangold, Chinakohl und Tomaten.

Im Gegensatz zu den Blumenrabatten, die jährlich im Herbst mit Pferdemist versorgt werden, wird die Bodenfruchtbarkeit hier auch ausschließlich durch Gründüngung mit Wintergerste, hin und wieder auch mit Raps, gefördert und erhalten (siehe Abb. 20). Anbau und Fruchtwechsel gestalten sich im sogenannten „Handtuchverfahren": Erdbeeren und Frühkartoffeln werden in dieser Reihenfolge alle sechs Jahre an der gleichen Stelle angebaut. Das Gemüse unterliegt einem dreijährigen Rhythmus.

Ein Kätner-Garten in Groß-Wittensee

Ein weiterer Garten dieser Region befindet sich wie die dazugehörige Kate seit 100 Jahren im Besitz einer Familie. Es handelt sich um eine 1500 m große Gartenanlage rechteckigen Zuschnitts vom Typ des klassischen, mit Blumen verzierten Nutzgartens (siehe Abb. 21). Ihre Hauptachse zieht sich als breiter, naturbelassener Mittelweg von der Hausmitte (Haustür) ausgehend durch den gesamten Garten hindurch; ein Wegekreuz direkt hinter dem Haus trennt das alte vordere Ziergärtchen vom übrigen Garten. Im unmittelbaren Bereich des Hauses sind noch einige Stilelemente alter bäuerlicher Gartenkunst des vorigen Jahrhunderts auszumachen: zwei wege-begleitende Buchsbaumhecken sowie zwei alte Hauslinden, ein Blumenrondell, und als weiteres traditionelles Gestaltungsmerkmal kommt ein alter Rosenstrauch (Rote Zentifolie) hinzu, der am typischen Standort vergangener Zeiten, zwischen den Fenstern der Giebelwand, steht.

Nach hinten erstreckt sich der kombinierte Gemüse- und Obstgarten. Innerhalb des Obstsortimentes (18) rücken insbesondere die alten Kernobstsorten in den Blickpunkt: „Früher" und „Später Streifling", „Johann Suhr" und „Zitronenapfel" als alte Hochstamm-Apfelsorten sowie drei Birnbäume („Permottbeere" = Bergamotte, „Winter"- und „Zuckerbeere"). Ihre Namen charakterisieren ihre Eigenschaften hinlänglich, verraten allerdings auch, daß es mit der genauen Sortenkenntnis nicht mehr zum besten steht.

Unter den 21 Baum- und Straucharten überwiegend altbekannter Zusammensetzung befindet sich ein „Veteran" aus dem 19. Jahrhundert, dem beinahe der Schneewinter 1978/79 zum Verhängnis geworden wäre. Er steht, inzwi-

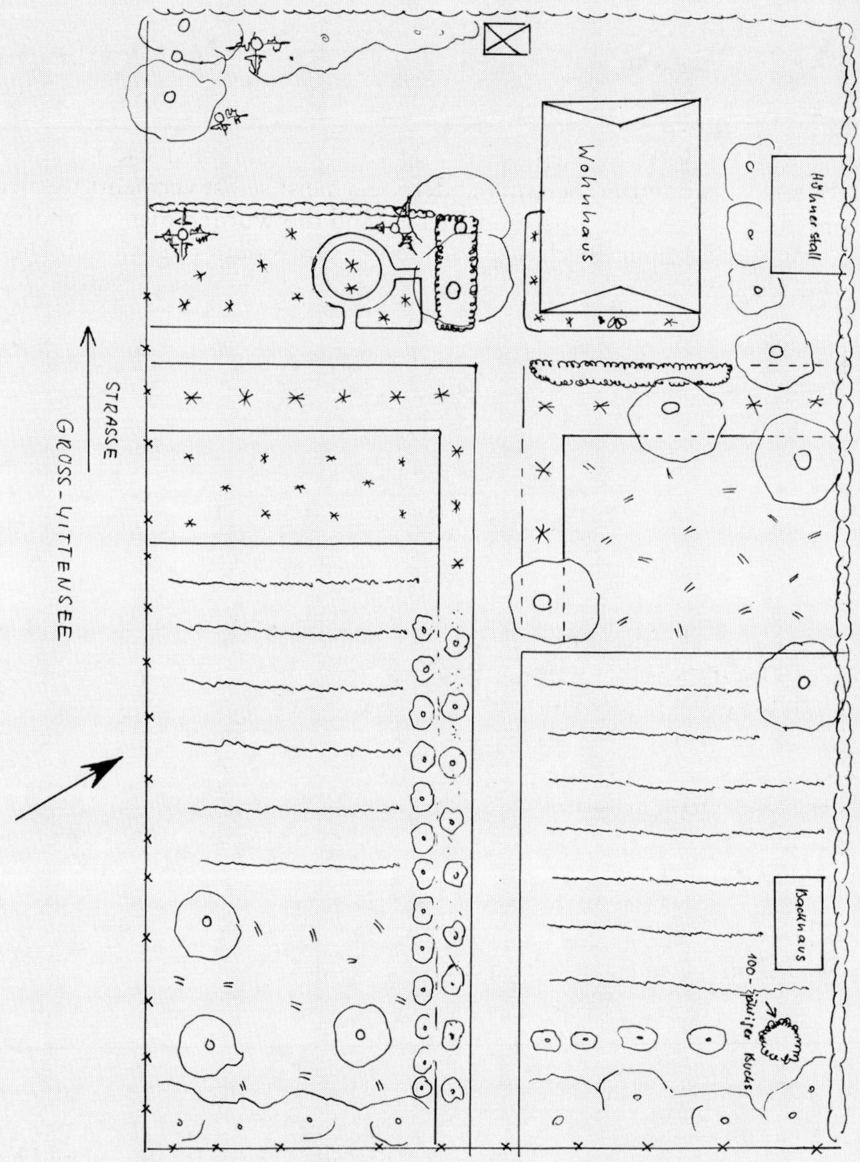

Abb. 21: Gartenplan eines Kätnergartens in Groß-Wittensee

schen gut regeneriert, als Prachtstück des Gartens in Nähe des alten Backhauses im unteren Garten: Es ist ein über 2 m hoher Solitär-Buchsbaum, der vor 100 Jahren vom Vater des Besitzers gepflanzt worden ist.

An dem Blumensortiment (90) dieses Gartens haben die alten, überlieferten Bauerngartenblumen großen Anteil. Erwähnenswert ist das Vorkommen der Pechnelke, der Resede und des Fuchsschwanzes, alle drei sehr selten gewordene, altmodische Gartenblumen. Ein- und Zweijahresblumen wie Kosmeen, Strohblumen, Stiefmütterchen und andere, die meist selbst vermehrt werden, zeugen von gärtnerischer Lust und Liebe. Und die wurden dieser Landfrau schon in ihrer Kindheit durch das Vorbild der Großmutter vermittelt. Diese frühe Prägung in Bezug auf Gartendinge – schätzungsweise Ende der 20er Jahre – spiegelt sich wider in einigen alten, sehr volkstümlichen Pflanzennamen, wie „Schosterpiepen", „Pferd und Wagen" und „Lämmerschwänzchen", Bezeichnungen für Kapuzinerkresse, Eisenhut und Perlhyazinthe, die sie nur in dieser Weise zu benennen wußte.

Westensee – Endmoränengebiet

Der Sehberg-Hof in Schönwohld

In der Nähe des Dorfes Schönwohld liegt der Sehberg-Hof, der einen aus gartenkünstlerischer Sicht herausragenden Garten aufweist.

Über sein tatsächliches Alter wußte die Altbäuerin leider nichts Genaueres, als daß der Ziergarten in der heutigen Form 1920 – dem Konfirmationsjahr ihres ersten Mannes – von einem Landschaftsgärtner neu angelegt worden war. Der 1500 m^2 große Garten ist eingeteilt in Vor-, Zier- und Gemüsegarten. Der separat liegende Obstgarten ist zugleich Hauskoppel. Nun zur Anlage: In Längsachse des Hauses liegt ein schmaler, schlichter Vorgarten, durch einen Zugang von der Gartenpforte zur Haustür symmetrisch zweigeteilt; der eigentliche prunkvolle Ziergarten schließt sich nach Westen und Norden, neben dem Wohnhaus gelegen, an. Schon ein erster Blick auf Abb. 22 verrät, daß man bei der Anlage betont geometrisch vorgegangen ist.

In den Abmessungen seiner quadratischen Grundform wurde der Ziergarten auf die Querseite des Hauses bezogen. Ein doppeltes, die Staudenrabatte flankierendes Hecken- sowie das Wegesystem betonen den linear-geometrischen Charakter der Fläche; andererseits wird dieser Eindruck durch die Eckbepflanzung mit Eiben, Tulpenbäumen, Rhododendren, Hortensien und Kugelbuchs gemildert. Die runden Formen der Pflanzengestalten wirken hier ausgleichend. Pflanze und Architektur bestimmen den gestalterischen Ausdruck des Gartens gemeinsam.

Die umgebenden Buchsbaumkanten übernehmen eine Rahmenfunktion; gleichzeitig stellt die untere straßenseitige Buchsbaumkante auch eine Verbindung zum Vorgarten her.

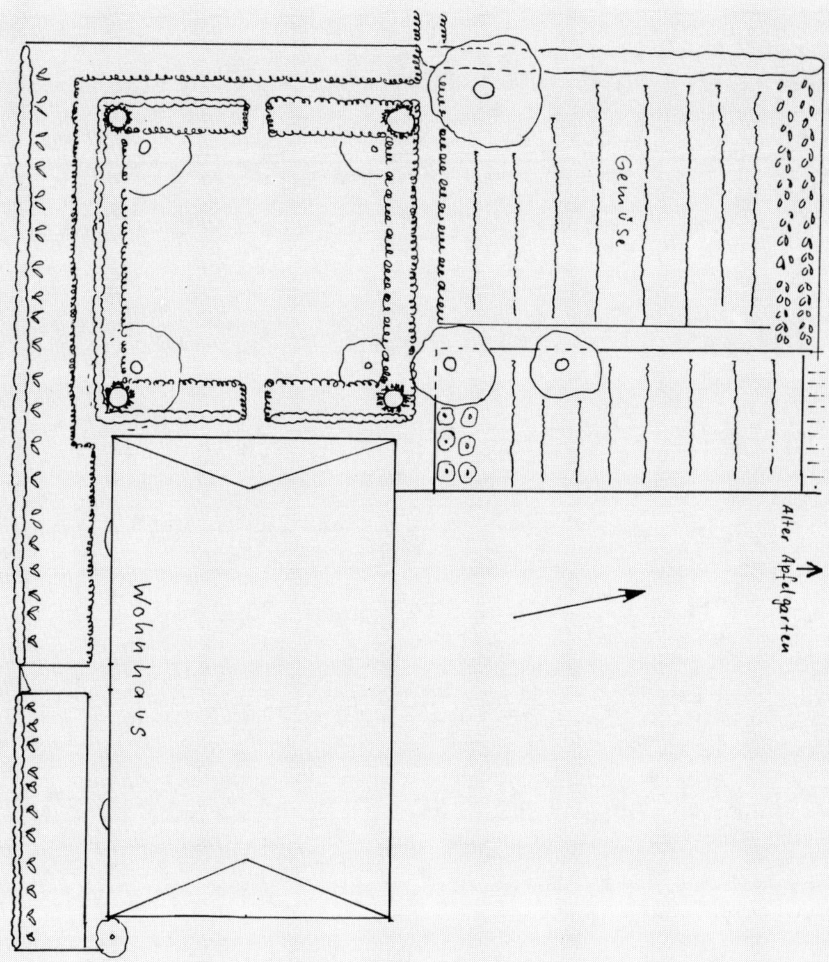

Abb. 22: Gartenplan des Sehberg-Hofes

Auch die Garteneinfriedigung präsentiert sich der Gesamtanlage entsprechend: wird sie im Gemüsegarten – nach alter Art – von einem bunten Knick gebildet, so übernimmt im Ziergartenbereich eine Feldsteinmauer mit niedriger Weißdornhecke die vordere Gartenbegrenzung, die – als krönender Blickpunkt im Frühjahr – seit mehr als 70 Jahren noch von einer dichten Reihe blühender Kaiserkronen überragt wird. Im Zusammenspiel mit der Beeteinfassung aus Buchsbaum bilden sich hier Parallelen, welche die lineare Geometrie des seitlichen Ziergartens noch einmal in abgeschwächter Form wieder

Abb. 23: Sehberg-Hof: Ziergarten mit Tulpenbäumen

aufgreifen (siehe Abb. 23). Stilistisch angeglichen ist auch das westlich des Ziergartens liegende, zur Zeit vermietete, Altenteilergärtchen, auf das hier nicht näher eingegangen werden soll.

Nach meinem Dafürhalten legt dieser Garten ein beredtes Zeugnis seiner Zeit ab – die Zeit nach der Jahrhundertwende, als der Gedanke an den architektonischen Garten mit neubarocker Prägung wieder auflebte.

Betrachtet man die Liste der 58 Blumensorten, die in diesem Garten vorkommen, bemerkt man kaum eine Art aus der neuen Staudengeneration, vielmehr fast ausschließlich solche, die um die Jahrhundertwende üblich waren: z. B. Tag- und Schwertlilie, Eisenhut, Vexiernelke, Weiße Lilie, Spiräe und andere. Auch diese Stauden blühen bunt und farbenprächtig; doch großflächig, abwechselnd einfarbig zusammengestellt, wirken sie, wie hier im Zusammenspiel mit den dunklen Grüntönen der Eiben und dem Grün der übrigen Gehölze, eher verhalten, fast dezent. Dieser Eindruck mag sich im Frühjahr ins Gegenteil verkehren, wenn die zahlreichen Zwiebelpflanzen zur Blüte gelangen. Dann mischen sich die Blausterne mit den Farben der Narzissen, Schneeglöckchen und vieler Tulpensorten.

Mit den Bäumen, Sträuchern, Gemüsen, Kräutern und Obstsorten verhält es sich ähnlich wie bei den Blumen. Hier wachsen fast ausschließlich althergebrachte Sorten heran, begegnen uns mit „Ontario“ (Apfel), „Bergamotte“- und „Napoleons Butterbirne“ Namen, die heutzutage kaum noch ein Kind kennt.

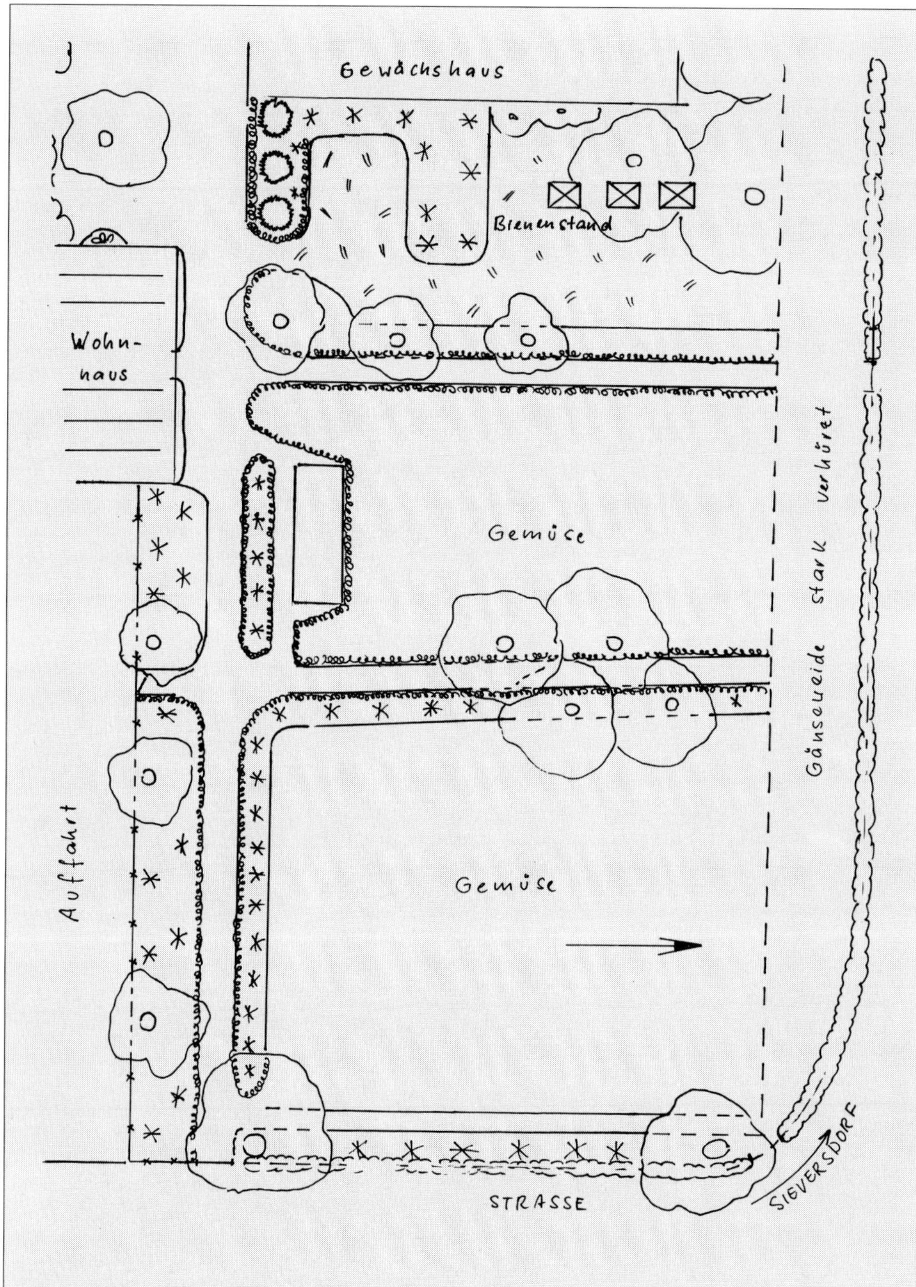

Abb. 24: Gartenplan der Instenstelle in Sieversdorf-Oha

Moränengebiet der Oberen Eider

Ein ehemaliger Instengarten in Sieversdorf-Oha

In unmittelbarer Nähe des Klosterforstes Preetz liegt der Garten einer ehemaligen Instenstelle aus dem 19. Jahrhundert, der, in dieser Form 1903 angelegt, nach dem 2. Weltkrieg ca. 15 Jahre vorübergehend als Gärtnerei genutzt wurde und heute nach Verkleinerung der Anbaufläche um die Hälfte noch immer etwa 2500 m² Gartenland umfaßt. Der Garten ist in seiner äußeren Form in etwa rechteckig und in drei annähernd gleichmäßige Stücke untergliedert (siehe Abb. 24): den im Bereich des Wohntraktes gelegenen Ziergarten und einen zweiteiligen Nutzgarten.

Der Garten ist geradlinig und formal angelegt. Er wirkt besonders zierend, da er auf sorgfältige und schöne Weise mit zahlreichen Schmuckelementen ausgestattet ist, die nachfolgend im Mittelpunkt der Betrachtung stehen sollen.

Alle Gartenstücke sind an ihren Ecken sorgsam abgerundet und von Buchsbaumkanten eingefaßt. Ergänzend wurden sie häufig noch mit einer schmückenden Blumenrabatte versehen (siehe Abb. 25). Besonders interes-

Abb. 25: Schmuckrabatte entlang des Weges mit Buchsbaum und Knollenbegonien

Abb. 26: Obstbäume mit Blumenunterpflanzung

sant ist das Mittelstück gestaltet. Hier befindet sich ein großes Frühbeet, das – obgleich unpraktisch – hinter die Blumenrabatte gesetzt wurde, um den optischen Eindruck, den die wegebegleitenden Rabattenblumen vermitteln, nicht zu stören. Darüber hinaus wurde das Frühbeet sogar in die Buchsbaumumrahmung einbezogen. Von den Staudenrabatten einmal abgesehen, fügen sich auch die Obstbäume mit ihrer Blumenunterpflanzung zierend und zugleich nutzbringend in diesen harmonischen Garten ein (siehe Abb. 26), denn die nordwestliche Ecke des Ziergartens beherbergt einen Bienenstand, der indirekt einen großen Einfluß auf die Zusammenstellung der Blütenpflanzen ausübt.

Wichtig sind hier besonders die Frühblüher, die Primeln und Krokusse in vielen Sorten, die den Bienen im Frühjahr erste Nahrung bieten. Zu diesen sogenannten Bienenfutterpflanzen, die hier bevorzugt angepflanzt wurden, gehört neben Nachtkerze, Silbertaler, Herbstaster und anderen auch die Kaukasische Skabiose, die Insekten geradezu magisch anzieht. Die 114 Blumen, die hier zu erfassen waren, setzen sich buntgemischt aus alten und neuen Bauerngartenblumen zusammen, die sich nicht nur auf den Beeten des kleinen Ziergartens befinden, sondern den gesamten Garten – wie ein buntes Band – auf den wegebegleitenden Rabatten durchziehen.

Auch bei der Auswahl der Bäume und Sträucher (insgesamt 33) wird mit

Tulpenbaum, Mandelbäumchen und zwei Sorten Japanischer Kirschen einerseits der gärtnerische Sinn für eine umfassende Blütenpracht deutlich, andererseits wird mit Seidelbast, Schneebeere, Weißdorn und anderen auch der erforderlichen Bienennahrung Rechnung getragen. In unmittelbarer Nähe des besonders edlen Hausbaumes, eines Walnußbaumes, steht auch hier direkt am Fenster ein alter Gallischer Rosenbusch.

Aufmerksamkeit verdient auch das Obstsortiment, nicht nur, weil es vielfältig (20) und damit sehr abwechslungsreich ist, sondern auch, weil es hier einen „Apfel-Versuchsgarten en miniature" gibt. Auf einem kleinen Beet befinden sich nämlich mehrere frisch veredelte Jung-Apfelbäume mit alten Namen, z. B. „Altenländer Pfannkuchen", „Stina Lohmann" und andere, an denen die Besitzerin ausgesprochenes Interesse zeigt.

Dieser ästhetisch sehr ansprechende Garten vermittelt viele und schöne Einzelheiten, die sich insgesamt zu einem Gartenbild abrunden, in dem Nutzbringendes mit Schönheitsempfinden und gärtnerischem Geschick in vollem Einklang steht.

Die Probstei

Die Probstei ist der nördlichste, rund 100 km umfassende Landschaftsteil der Halbinsel Wagrien. Ihr Name deutet noch auf die ehemals klösterlichen Besitzverhältnisse hin, die über Jahrhunderte andauerten. Da die Bauern hier im Vergleich zur leibeigenen Bauernschaft der Gutsdörfer bereits Erbpächter ihrer Hufen waren, fühlten sie sich (nach Degn und Muuss 1979) wesentlich eher als freie Leute, die sich nach der Verkoppelung um 1780 vollends zu selbstbewußten und fortschrittlich gesonnenen Bauern entwickeln konnten. Die Gärten, die diese Landschaft repräsentieren sollen, liegen in Fiefbergen und Bendfeld.

Der Garten eines Probsteier Hofes in Fiefbergen

Eine Birnbaumallee führt auf das alte, von 1792 stammende Gehöft, auf dem sich der Garten linker Hand neben dem Bauernhaus erstreckt. Da die Bäume des Ziergartens von einem Baumchirurgen auf das Jahr 1850 taxiert worden sind und da der traditionsbewußten Familie nichts über eine grundlegende Neugestaltung zu späterer Zeit bekannt ist, kann man von einer über hundertjährigen Gartenanlage ausgehen.

In den letzten 25 Jahren wurde das Gartenland zweimal verkleinert. Von ehemals 3000 m² sind heute noch 1500 m² Fläche verblieben. Seine Einteilung besteht nach wie vor in Zier- (Park) und Gemüsegarten (siehe Abb. 27); Obstbäume stehen beliebig im Garten verteilt. Der große Ziergartenbereich erstreckt sich, in etwa dem Wohnteil des Hauses angepaßt, im nord-westlichen

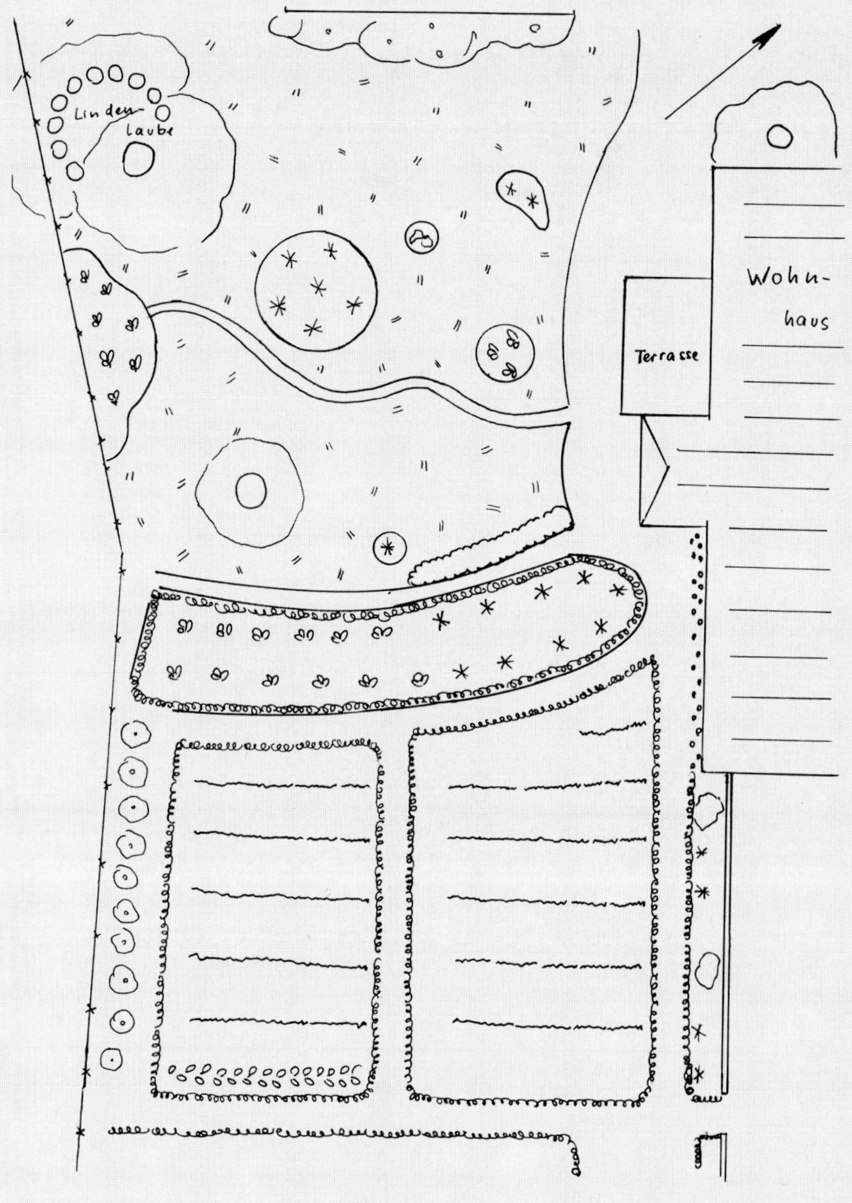

Abb. 27: Gartenplan des Hofes in Fiefbergen

Abb. 28: Lindenlaube mit beschirmender Blutbuche

Gartenabschnitt und nimmt dabei die Hälfte des gesamten Gartenareals in Anspruch. Gestalterisches Grundelement ist ein großer Rasen, in dem versprengt einzelne Teppichbeete, meist rund, auch oval und tropfenförmig, liegen. Von der neuen Terrasse ausgehend führt ein geschlängelter Weg zwischen den Beeten hindurch, sich dadurch ihrer Form anpassend, bis er an einem Rosenbeet endet. Das Beet wurde erst nach der Gartenverkleinerung angelegt, denn ursprünglich dehnte sich der Park ähnlich wie der Ziergarten weiter nach Süd-Westen aus. Das Alter dieser Gartenanlage (vermutlich um 1850) läßt folgern, daß es sich hier um die Reste eines Gartens im „Neuen gemischten" Stil des 19. Jahrhunderts handelt.

In der westlichen Gartenecke stößt man auf das imposante Gebilde einer Laube, die aus zehn halbkreisförmig angeordneten Linden und einer beschirmenden Blutbuche besteht (siehe Abb. 28). Die Linden sind seit etwa 1950 nicht mehr geschnitten worden, daher durchgewachsen und bedürfen einer Sanierung.

Als Abgrenzung zum Gemüsegarten dient ein langgestrecktes Rosen-/Staudenbeet, das sich teils wie ein Riegel zwischen beide so unterschiedlich gestaltete Gartenteile schiebt, sich durch seine Buchsbaumeinfassung aber andererseits auch optisch dem Nutzgarten angleicht. Der Gemüsegarten ist nach

Abb. 29:
Echte Probsteier Trachtenknöpfe als Brosche gefaßt

Abb. 30:
„Probsteier Knopf" (Sterndolde)

streng formalen Gesichtspunkten durch einen Mittelweg in zwei annähernd gleich große Stücke unterteilt, die ringsherum mit niedrigen Buchskanten ebenso wie die angrenzenden Blumenrabatten eingefaßt sind.

Zur Frage von Nutzung und Wirtschaftlichkeit: Auch heute wird noch eine ganzjährige Versorgung mit den angebauten Gemüsearten erreicht. Die frühere große Gartenfläche erlaubte bis 1960 den Verkauf von Gemüse, Obst und Blumen (Märzenbecher und Schneeglöckchen für 1 Pfennig pro Stück). Zu dieser Zeit halfen zwei im Haushalt beschäftigte Mädchen sowie eine Tante, die bis zu ihrem Tod im Altenteilerhaus (mit Garten) wohnte. Heute teilen sich Alt- und Jungbäuerin die Arbeit; beim Mistgraben hilft der Bauer.

Es wird eine Fruchtfolge nach dem Stark- und Schwachzehrer-Prinzip eingehalten; hiernach richtet sich auch die Düngung aus: Jährlich wird ein bestimmter Teil (das Kartoffel-, Kohl- und Gurkenstück) des Gartens mit Mist beschickt.

Der Blumenbestand umfaßt 36 Arten und Sorten; schöne neue, wie Japan-Anemonen, Feinstrahlaster und Sonnenflügel, aber in der Mehrzahl schöne alte, wie die rote Bauernrose aus der Rabatte, die Bechermalve, die erst kürzlich eine Art Renaissance in den Bauerngärten erlebte, die Kaiserkrone, der Eisenhut, von der Altbäuerin „Den leewen Gott sin Hotteperd“ genannt, und die Sterndolde. Ja, an dieser Pflanze sind Geschichte und Tradition der Probstei wahrlich nicht ohne Spuren zu hinterlassen vorbeigegangen, denn hier kennt sie keiner unter ihrem deutschen Namen, hier heißt sie – wie selbstverständlich – „Probsteier Knopf“, ihrer Ähnlichkeit mit den Knöpfen der Probsteier Tracht wegen (siehe Abb. 29, 30).

Zu den ältesten unter den Bäumen und Sträuchern (20) dieses Gartens gehören außer den laubenbildenden Linden und der Buche eine alte Eibe, die seit der Gartenverkleinerung allerdings ihr Dasein auf der Hausweide fristen muß, und eine riesige Pyramideneiche als besonderer Stolz des Hausherrn.

Von den 7 Kräutern finden Meerrettich und Sauerampfer inzwischen keine Verwendung mehr in der Küche, um so mehr gilt dieses für die kultivierten 10 Gemüsearten, unter ihnen ein typisch „Probsteier Gewächs“, die „Holsteiner Ananas“, zu deutsch schlicht und einfach „Steckrübe“.

Ein erneuerter „alter Bauerngarten“ in Bendfeld

Im Dorfbild von Bendfeld erblickt man noch Reste der alten Probsteier Dorfstruktur. Der hier ausgewählte Garten gehört einer alteingesessenen Familie, deren Haus im Jahre 1936 abgebrannt ist. Im Zuge des Wiederaufbaus 1940 wurde auch der Ziergarten auf interessante Weise neu angelegt.

Das ca. 1500 m² große Gartenland ist in Vor-, Zier-, Obst- und Gemüsegarten eingeteilt (siehe Abb. 31). Wir betreten zunächst den Vorgarten, der hufeisenförmig in bezug auf die Hausbreite angelegt und von einer lockeren Gehölzpflanzung eingerahmt wird. Im Innenfeld gruppieren sich vier ver-

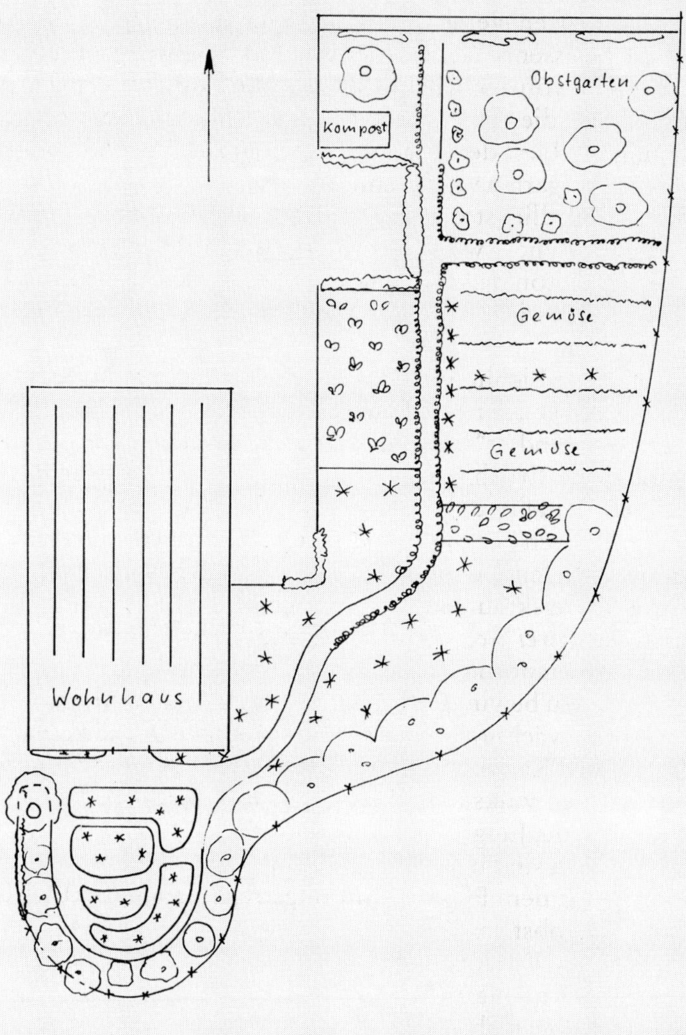

Abb. 31: Plan eines Bendfelder Bauerngartens

schieden gestaltete Beete mit niedriger Bepflanzung. Über die rahmengebenden Sträucher an der rechten (östlichen) Gartengrenze einerseits und die Staudenrabatte am Haus andererseits wird eine Verbindung zum rechts vom Haus befindlichen Ziergarten geschaffen. Ein von der Haustür in den Garten führender, naturbelassener Weg wiederholt durch seine Krümmung den westlichen Grenzverlauf von der Scheunenzufahrt und verläuft gerade bis zum Ende des Gartens, wo die Obstbäume angesiedelt sind. Die erhaltene Buchsbaumeinfassung markiert den alten Teil des Gartens. Ein rechtsseitiger Querweg trennt den Obstgarten vom Gemüseland.

Hier oben, im nördlichsten Gartenteil, treffen wir auf eine Probstei-typische Einfriedigung: eine etwa 1,20 m hohe Mauer, die aber nicht, wie es den Anschein hat, aus Beton besteht, sondern aus Ostseegrus – mit etwas Mörtel vermischt – angesetzt wird. An dieser Mauer wird, da südexponiert, mit Erfolg Spalierobst gezogen.

Eine ganz spezielle Liebhaberei läßt sich in den Erdbeerkulturen entdecken: hier erntet man außer „Senga Sengana“ auch die älteren Sorten „Schwarze Ananas“, „Lucie Schindler“ und sogar Walderdbeeren!

Durch veränderte Ernährungsgewohnheiten in der jüngeren Generation beeinflußt (1988 umfaßte die Familie noch vier Generationen!), wurde das Gemüseland zugunsten der Blumen reduziert. Die Blütenfülle dieses Blumengartens ist überwältigend, denn hier gibt es beispielsweise nicht nur Christ- und Bauernrose, Greiskraut, Rittersporn, Phlox und Margerite, sondern *drei* Sorten Christrosen, *drei* Greiskräuter, *drei* Margeriten, *drei* Bauernrosen, *fünf* mal Phlox und Rittersporn! Insgesamt 133 Arten und Sorten! Eine immense Vielfalt gibt es hier zu bewundern, nicht nur der neuen sondern auch der alten Stauden, Zwiebelgewächse und der Einjahresblumen wie die ganz alten Heilpflanzen „Römische Kamillen“ (Mutterkraut) und „Abend- und Morgenrot“ (Ringelblume), deren volkstümliche Namen hier noch gepflegt werden, und schließlich die Resede, Jungfer im Grünen und viele andere mehr.

Manche von ihnen sind in dörfliche Traditionen eingebunden, wie z. B. die rote Bauernrose, die dem Pferd beim Pfingstreiten angesteckt wird, oder der schon genannte „Probsteier Knopf“ und die grünblütige Wiesenraute, die als „Bukettblume“ ihren Ehrenplatz im Blumenstrauß hat. In diesem Garten fand ich erstmalig die Hohe Herbstmargerite, eine herbstblühende Sorte, die besonders in der Probstei mehrfach zu sehen war. Mit Stolz verwies die Altbäuerin auf die alte Polyantharose „Else Poulsen“ (1924), die sie bereits vor Jahrzehnten mit dem Garten übernommen hat.

Holsteinische Schweiz

Aus der überwiegend gutsherrschaftlich geprägten Landschaft der Holsteinischen Schweiz möchte ich einen Garten aus dem Bauerndorf Dannau, am Rande des Kossautals gelegen, vorstellen.

Ein ehemaliger Bauerngarten in Dannau

Eine dicht geschorene Ligusterhecke und seitliche Knicks schirmen diesen Garten völlig nach außen hin ab. Um so überraschender ist dann der Anblick des Inneren, wenn man den Garten durch die schon etwas altertümliche Staketentür betritt. Der Garten ist in seiner Gesamtheit so schön erhalten, daß man fast meint, hier sei die Zeit stehengeblieben.

Garten und Bauernhaus (1852) gehören zu einem ehemaligen, jetzt verpachteten Hof. Es ist sehr erfreulich, daß trotz der Nutzung durch das Pächterehepaar das Bild des alten Gartens in keiner Weise gelitten hat, sondern im Gegenteil sehr pfleglich behandelt wurde.

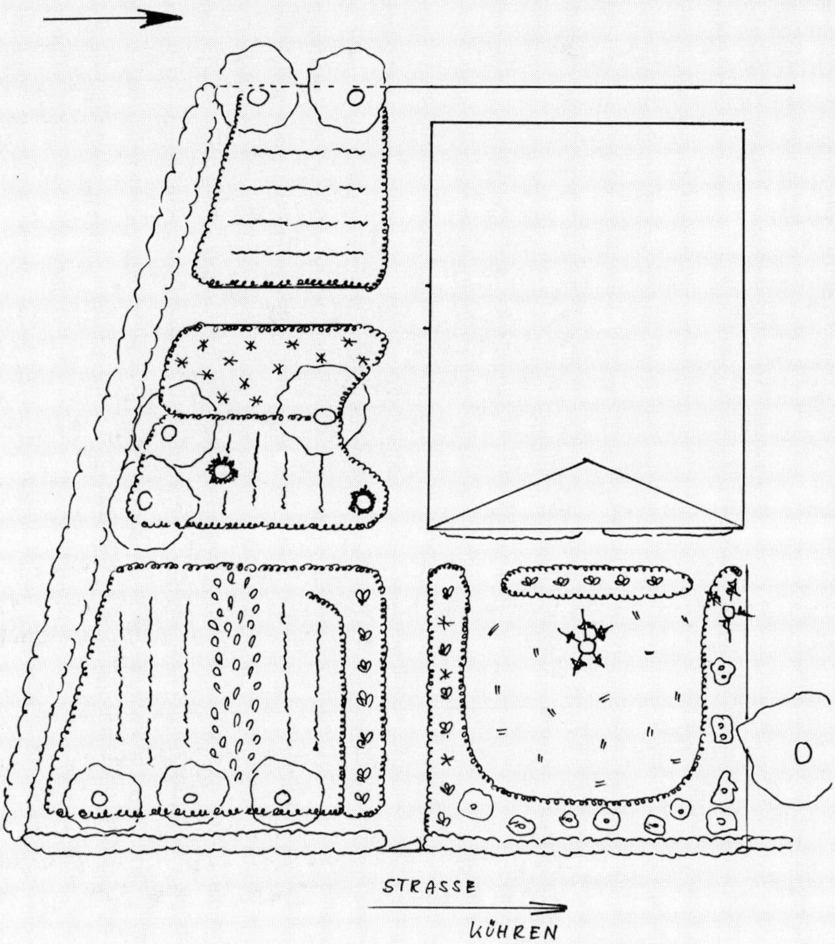

Abb. 32: Plan eines ehemaligen Bauerngartens in Dannau

Bei etwa 1500 m^2 Fläche ist der Garten (siehe Abb. 32) in Ziergartenbereich und Gemüseland eingeteilt. Seine äußere Form – spitzwinklig L-förmig – zeigt beispielhaft, daß schleswig-holsteinische Bauerngärten keinesfalls immer rechteckig sein müssen, wie oft klischeehaft angenommen wird, sondern sich meistens nach dem Zuschnitt der Grundstücke richten.

Rechts des Hauptweges liegt in Stirnseite des Hauses der fast quadratische Ziergarten. Er wird von einem Rasenstück ausgefüllt, das U-förmig von einer Strauchpflanzung bzw. Staudenrabatte umgeben wird. In Nähe des Hauses liegt ein schmales Beet mit Rosen- und Stockrosenbepflanzung. Diese Rabatten sind, wie auch alle übrigen Stücke des Gartens, von niedrigen Buchsbaumkanten gesäumt (gepflanzt etwa 1920). Der Hauptweg führt von der Gartenpforte geradlinig zuerst am Ziergarten vorbei, dann an der Längsseite des Hauses bis zum Gartenende.

Der links (südlich) des Hauptweges befindliche Gartenteil ist überwiegend Gemüseland. Ein erster Querweg im Schnittpunkt mit der Hausecke und ein zweiter im Bereich der Haustür sorgen für eine Dreiteilung des Gemüsegartens. Die Gesamtanlage ist zwar geometrisch und in seinen Teilstücken immer auf die Hausarchitektur bezogen, wirkt jedoch durch die Verwendung von abgerundeten Beetformen niemals streng. Sie ist ein liebenswertes Beispiel eines architektonischen Gartens.

Die meisten der 48 Blumensorten entstammen dem althergebrachten Bauerngartensortiment (Federnelke, Vergißmeinnicht, Stiefmütterchen und andere). Auch Einjährige, wie Schlafmohn, Ringel- und Sonnenblume sowie altmodische Zwiebelpflanzen, Kaiserkrone und die duftende Dichternarzisse, sind darin enthalten. Zu den überwiegend älteren Sträuchern und Bäumen des Ziergartens (Hortensie, Eibe, Fliederstrauch) sind nur wenige Neulinge hinzugekommen.

Das Zusammentreffen von stilvoller Anlage und traditionellem Arteninventar schafft jene vielgerühmte, heitere Ausstrahlung und Behaglichkeit, die den echten Bauerngarten ausmacht. Um so bedauerlicher ist es, daß das Wohnhaus inzwischen baufällig geworden ist, der Pachtvertrag ausläuft und auch von daher die Zukunft dieses erhaltenswerten Gartens nicht als gesichert betrachtet werden kann.

Der Braaker Mühlengarten in Braak / Eutin

Hof und Wassermühle wurden 1828 vom Urgroßvater des jetzigen Besitzers erworben. Mit dem Neubau des Hauses 1908 wurde der Garten so, wie er sich heute noch präsentiert, in Zier-, Gemüse- und Obstgarten auf 2000 m^2 angelegt (siehe Abb. 33).

Das Haus selbst, das im städtischen Stil gebaut wurde, ist Ausgangs- und Bezugspunkt aller Gartengestaltungsmaßnahmen. Der Hausmittelpunkt liegt auf einer Linie mit der gedachten Symmetrieachse des Gartens, dem Mittel-

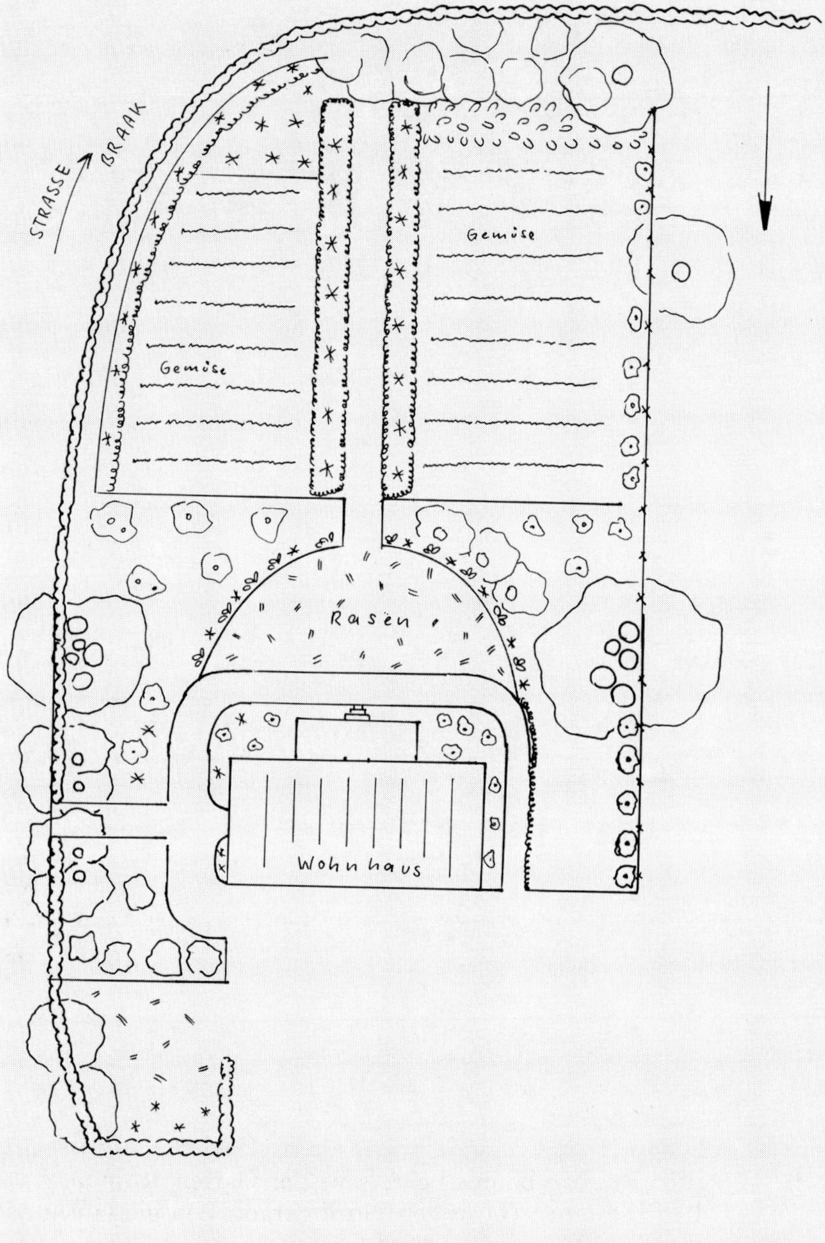

Abb. 33: Gartenplan der Braaker Mühle

Abb. 34: Mittelweg des Braaker Mühlengartens mit breiten Blumenrabatten

weg. Auch die Wegführung um das Haus herum, der halbkreisförmige Rasen, dessen Durchmesser die Hausbreite wiederholt, sowie die beidseitig gepflanzten Sträucher- und Gehölzgruppen, die den Ziergartenbereich einrahmend abschließen, sind auf die Hausarchitektur bezogen. Eine Freitreppe verbindet den Ziergarten mit der Terrasse des Hauses.

Im südlich gelegenen Nutzgarten wird die Symmetrie des Ziergartens durch den axialen Mittelweg und seine flankierenden Rabatten fortgesetzt. Dieser teilt die Anbaufläche „gleichmäßig“ in zwei Hälften.

Der Braaker Mühlengarten ist ein anschauliches Beispiel für die architektonische Gestaltung einer parkartigen Gartenanlage, die Rang und Ansehen des Wassermühlenbesitzers um die Jahrhundertwende widerspiegelt.

Auch die Zusammensetzung des Pflanzenbestandes hat sich im Laufe der Gartengeschichte nur wenig verändert. Gestalterisch sehr schön wirkten auf mich die vier alten Rotdornbäume beiderseits der Gartenpforte im Zusammenspiel mit dem Indischen (Drüsigen) Springkraut. Um die Jahrhundertwende war der Rotdorn ein beliebter Modebaum.

In seiner Nähe stehen zwei alte Rosensträucher, Pimpinell- und Zimtröschen, bereits seit der Jugendzeit des Besitzers vor schätzungsweise sechs Jahrzehnten am gleichen Platz. Der parkähnliche Ziergarten bietet viel Platz für

Bäume und Sträucher. Hier sind einige Linden zu entdecken, die in zwei Gruppen zu jeweils mehreren an die Längsseiten des Gartens in Höhe der Terrasse gepflanzt worden sind. Als ehemaliger Aussichtsposten bei Kinderspielen sind sie an viele Jugenderinnerungen des Besitzers geknüpft; heute sind sie dicht zusammengewachsen und bilden eine große, gemeinsame Krone.

Auf den Staudenbeeten und Rabatten des Mühlengartens ist ein Grundstock der typischen Bauerngartenflora aus 60 alten und neuen Arten vertreten. Die große Liebe des Besitzers gilt allerdings den Einjährigen, deren Samen er selber erntet und wieder aussät, z. B. Atlas- und Kornblume, Becher- und Trichtermalve, Kosmeen, Ringelblume und andere (siehe Abb. 34). Von besonderem Reiz ist auch der Frühlingsflor des Gartens mit Tausenden von weißen und gelben Narzissen.

Altersgründe und eine andersartige Berufswahl der Kinder führten zur Verpachtung der Ländereien... und zu einem Zwei-Personenhaushalt. Auch in Anbetracht des fortgeschrittenen Alters spricht dann der noch immer (1992) reichlich bestückte Nutzgarten – mit 25 Gemüsen, Kräutern und 24 Obstsorten – für echte gärtnerische Leidenschaft! Anders als es sonst üblich ist, hat hier nämlich der Mann die Gartenpflege – nach Krankheit und Tod seiner Frau – übernommen. Hierzu verhalfen ihm das frühe Vorbild seines Vaters, sein eigenes landwirtschaftliches Wissen über Fruchtfolge und nicht zuletzt die Muße des Ruhestandes.

Blumen- und Gemüsepflanzen werden in einem kleinen Frühbeet selbst herangezogen, und im Überfluß geerntetes Obst und Gemüse wird an Freunde freigebig verschenkt. Auch dieses zeugt von Zufriedenheit und einer gärtnerischen Freude, die dem Besucher dieses schönen Gartens auf Schritt und Tritt begegnet.

Stormarner Endmoränengebiet

In diesem Landesteil konnte sich ein freier Bauernstand erst nach Aufhebung der Leibeigenschaft am Beginn des 19. Jahrhunderts entwickeln.

Ein Bauerngarten in Jersbek

Um das Jahr 1840 herum, dem Jahr der Aufhebung der Leibeigenschaft in Jersbek, konnten die Vorfahren einer dort ansässigen Bauernfamilie den Hof erwerben. Heutzutage ist der Garten je zur Hälfte im Besitz des Hofinhabers und seiner Schwester, die mit ihrer Familie das Altenteil bewohnt und den nördlichen Gartenteil nutzt. Im Interesse eines ungestörten Gesamtgartenbildes wurden nur ideelle Grenzen gezogen.

Nach einem Brand wurde der Hof 1920 ein zweites Mal neu erbaut. Bei die-

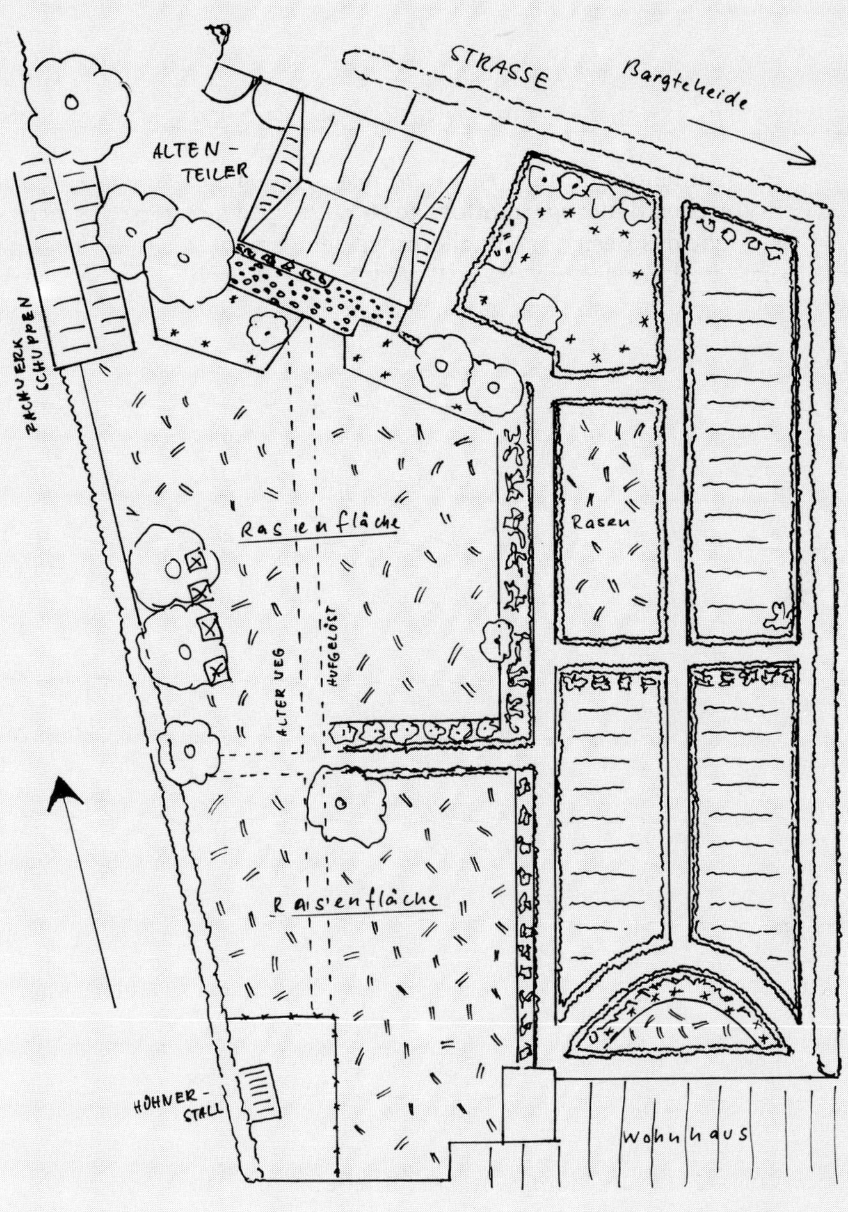

Abb. 35: Plan des Jersbeker Bauerngartens (nach einer Skizze von M. Drews)

ser Gelegenheit entstand auch der heutige Garten, der 3500 m² umfaßt. Er wurde von der Großmutter als kombinierter Zier- und Nutzgarten angelegt. Der Gartenplan (Abb. 35) verdeutlicht eine Hauptgliederung in zwei Teile. Der östliche Teil richtet sich nach der Architektur des bäuerlichen Wohnhauses aus, während der westliche Gartenabschnitt Bezug zum Altenteil nimmt. Dieser – inzwischen mit Rasen abgesäte – Bereich des Gartens ist durch Auflösung des Wegesystems zwar nicht mehr in seiner alten Struktur erkennbar, sie wird im Plan jedoch aus Anschaulichkeitsgründen noch gestrichelt wiedergegeben.

Beide Gartenstücke weisen als Hauptachse einen Mittelweg auf. Ein Wegekreuz je zur Hälfte ihrer Länge untergliedert den westlichen wie den östlichen Bereich in je vier Teilstücke. Aufgrund des unregelmäßigen Grundstückszuschnitts fallen diese zwar unterschiedlich groß aus, der geometrische Charakter der Anlage ist jedoch gewährleistet.

Beide Gartenteile (westlich und östlich) sind durch einen breiten Weg voneinander abgesetzt. Verbunden sind sie wiederum durch das im Plan als abgetrenntes Staudenbeet gekennzeichnete Stück im Nordosten der Anlage, das sowohl auf den Altenteilerkaten wie auf das Wohnhaus ausgerichtet ist.

Während die Blumenbeetgestaltung direkt am Altenteilerhaus neueren Datums ist, präsentiert sich der Zierbereich des Gartens, der dem Wohnhaus zugeordnet ist, in alter Weise als annähernd halbkreisförmiges Staudenbeet. Buchsbaumkanten umsäumen noch heute die einzelnen Gartenstücke und begleiten die Wege. Sie unterstützen die Geradlinigkeit des Gartens und betonen seinen Charakter als formaler Garten – ganz im Sinne seiner Zeit (1920) und vielleicht auch im Sinne seiner Landschaft. Denn die Anlage in ihrer langgestreckten, fast weitläufigen Form, mit ihrer breiten, das Bild beherrschenden Mittelachse, läßt vermuten, ob hier nicht auch der berühmte Jersbeker Schloßgarten Pate gestanden haben könnte.

Der Blumenbestand dieses Gartens (78) enthält mehr alte als neue Sorten. Beispielsweise die Wilde Karde, die in der alten bäuerlichen Wirtschaft als wichtiges Utensil zum Fadenaufrauhen beim Weben Verwendung fand, ferner die Moschusmalve, der Echte Alant und die vielen Frühlingsblüher, die für diesen Bienengarten besonders wichtig sind. Als einer der ersten im Jahr erblüht hier die Narzisse „February Gold“ zusammen mit Winterling und vielen unterschiedlichen Krokus-Sorten. Von der Altbäuerin wurden mir noch einige volkstümliche Namen überliefert, z. B. das treffende Wort „Neesenfarver“ (= Nasenfärber) für Lilie, „Erdbeerblume“ (Erdbeer-Fingerkraut), „Perlblume“ (Perlhyazinthe) und andere mehr. Die neueren Arten sind mit Prachtscharte, Schneeheide, Strandflieder, Sonnenbraut und Kriechendem Knöterich vertreten.

Aus der Reihe der Gehölzflora gehören Forsythie, Sommerflieder und Ranunkelstrauch auch der neuen Generation an, sind jedoch gegenüber den altehrwürdigen wie Eibe, Falschem Jasmin, Hortensie, Japanischer Quitte, Lavendel und den Alten Rosen – hier in drei Arten vorkommend – in der Minderheit.

Die Küchenkräutervorräte des Gartens gehen mit sieben Arten über das schleswig-holsteinische Standardsortiment (vier) hinaus. Ähnlich verhält es sich mit dem Gemüseangebot. Unter den 21 Sorten sind Mairübe, Staudensellerie und Zuckermais hervorhebenswert.

Der wohl ältesten Apfelsorte begegnete ich in diesem Garten. Es ist die Rede vom „Druvappel", dessen Ausbreitung in Stormarner Gärten noch auf die Slawenbesiedlung zurückzuführen sein soll (vgl. Seite 69ff.). Ebenso erwähnenswert ist der alte Taffetapfel, der gelegentlich als lokale Sorte noch in älteren Gärten der Umgebung vorkommen soll. Ferner die „Klunzbeere", eine alte Birnensorte, und die Kreiken, mirabellenähnliche Pflaumen.

In dieser – drei Generationen umfassenden – Familie sind neben modernen Anwendungen, wie z. B. Gründüngung im Garten, alte Praktiken, z. B. Hustensaftherstellung nach überlieferten Hausrezepten, nicht vergessen worden. Flora, Gartenkultur und -anlage formen hier einander ergänzend gemeinsam das Bild eines alten, bäuerlichen Gartens, in dem Tradition und Geschichte lebendig bleiben können.

Lauenburg

Die Verhältnisse Lauenburgs, seien es die politischen zur Zeit Bismarcks, seien es die landschaftlichen wie die klimatischen, hoben sich immer etwas von den schleswig-holsteinischen ab. Vergleichbare Erfahrungen lassen sich auch beim Studieren von Lauenburger Bauerngärten machen. In dieser Landschaft sind noch überdurchschnittlich viele historisch wertvolle Gartenanlagen erhalten, von denen hier nur drei vorgestellt werden können.

Ein Landarbeitergarten in Siebenbäumen

Einer der wenigen, noch gut erhaltenen Landarbeitergärten im Lande präsentiert sich uns im alten Lauenburger Kirchdorf Siebenbäumen. Es handelt sich um den Garten einer ehemaligen Instenkate aus dem 19. Jahrhundert, die für zwei bis drei Familien ausgelegt ist.

Die 1000 m^2 große Gartenfläche ist sehr stilvoll als tektonischer Garten angelegt. Hiermit ist eine Anlage gemeint, deren Einzelteile sich harmonisch zu einem Gesamt-Gartenbild zusammenfügen. In Anbetracht dessen, daß die Gartennutzung von jeher auf zwei Mietparteien verteilt ist, verleiht diese Art von Gestaltung dem – verhältnismäßig kleinen – Garten einen Hauch von Großzügigkeit. Nachfolgend soll nur der vordere, zur Straße gelegene Gartenteil (Abb. 36) dargestellt werden, der sich seit Jahrzehnten in der Obhut eines jetzt im Ruhestand lebenden Landarbeiterehepaares befindet.

Der Garten ist in seiner Breite mittels zweier paralleler Wege in drei gleich breite Stücke unterteilt worden, die als kombinierter Obst- und Gemüsegar-

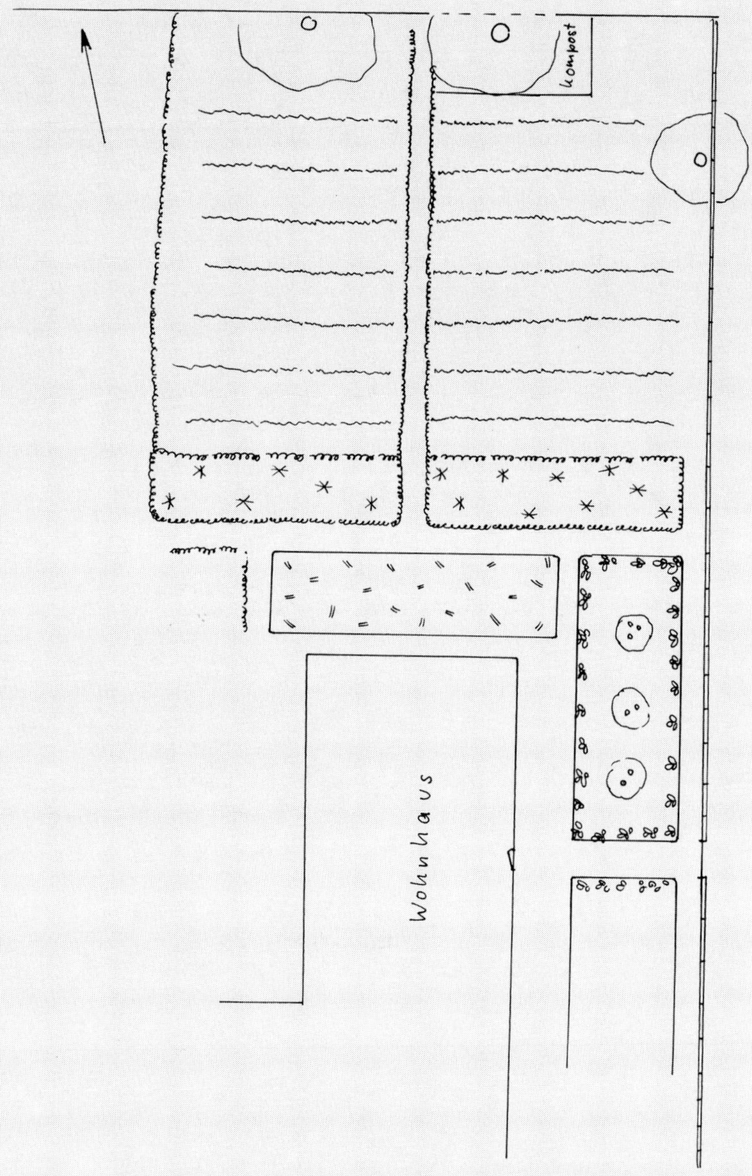

Abb. 36: Plan eines Landarbeitergartens in Siebenbäumen

ten angelegt sind. Der erste (östliche) Weg verläuft in der verlängerten Längsachse des Hauses und übernimmt somit die Funktion einer Hauptachse. Die am Haus befindliche Rasenfläche, die Blumenrabatte am Kopfende des Gemüselandes und das rechteckige Vorgartenbeet sind in ihrer Lage und Ausdehnung sowohl auf die Hausarchitektur wie auch aufeinander bezogen.

Die aus den 20er Jahren stammende Einfassung der Wege, der Rabatten und des Rhododendronbeetes im Vorgarten mit Buchs bzw. Aurikeln hebt den formalen Charakter des Gartens noch deutlich hervor.

35 Blumenarten auf nur wenigen Quadratmetern, die für die Blumenzucht zur Verfügung stehen, zeugen von der erstaunlichen Vielfalt dieses bescheidenen Gartens. Mit Ausnahme weniger Neulinge, z. B. Atlasblume und Glattblattaster, finden wir hier mit Feuerlilie, Levkoje, Maiglöckchen, Tulpe, Bechermalve, Schlüsselblume, Vergißmeinnicht, Schwertlilie und Bauernrose einen besonders hohen Prozentsatz von alten Bauerngartenblumen vor. Ähnliches gilt auch für die vorhandenen Sträucher: Buchs, Efeu, Fliederstrauch, Hortensie, Mandelbäumchen und Rhododendron. Genauso gut wie heute haben sie möglicherweise schon vor 100 Jahren den Garten verziert.

Neben den sorgsam gepflegten Blumen spielen auch die Ernteerträge von jeweils 12 Obst- und Gemüsearten sowohl für den sofortigen Verbrauch wie für die Vorratshaltung noch immer eine bedeutsame Rolle.

Anlage, Arteninventar und ein in der Kindheit erworbenes Wissen über Gartenkultur dokumentieren hier umfassend einen traditionell-geprägten ländlichen Garten, wie er einst für Landarbeiterkaten üblich gewesen ist.

Lüchow

Inmitten des Dorfes Lüchow liegt der Garten eines Hofes, der sein Aussehen in den letzten 70 Jahren kaum verändert hat. Seit mehr als 100 Jahren im Familienbesitz ist der dreigegliederte Garten von 800 m^2 Größe in Vor-, Obst- und Gemüsegarten (siehe Abb. 37) eingeteilt. Der Nutzgarten ist von einer rechteckigen Grundform, die durch einen Mittelweg in einen nördlichen (Apfelgarten) und in einen südlichen Teil, den verzierten Gemüsegarten zerlegt wird. Im schmalen, ebenfalls rechteckigen Vorgarten verbergen sich hinter einer alten Weißdornhecke die typischen Schätze eines Lauenburgischen Vorgartens: seine mit Buchsbaum eingefaßten Schmuckbeete. Von unterschiedlicher Größe richten sich die beiden oval geformten Beete je nach der Größe des vorhandenen Platzes einmal längs, einmal quer im Vorgarten aus.

Eine Buchsbaumkante, zugleich form- und schmuckgebendes Element, zieht sich auch neben dem zweiten Hauszugang am großen Staudenbeet entlang, dabei die Form des Erkers nachahmend.

Zu dieser kunstvollen Ziergartengestaltung steht die herbe Gemüsegartenanlage im krassen Gegensatz. Lediglich die Immergrüneinfassung des Mittelweges schafft eine gewisse Verbindung beider Gartenteile.

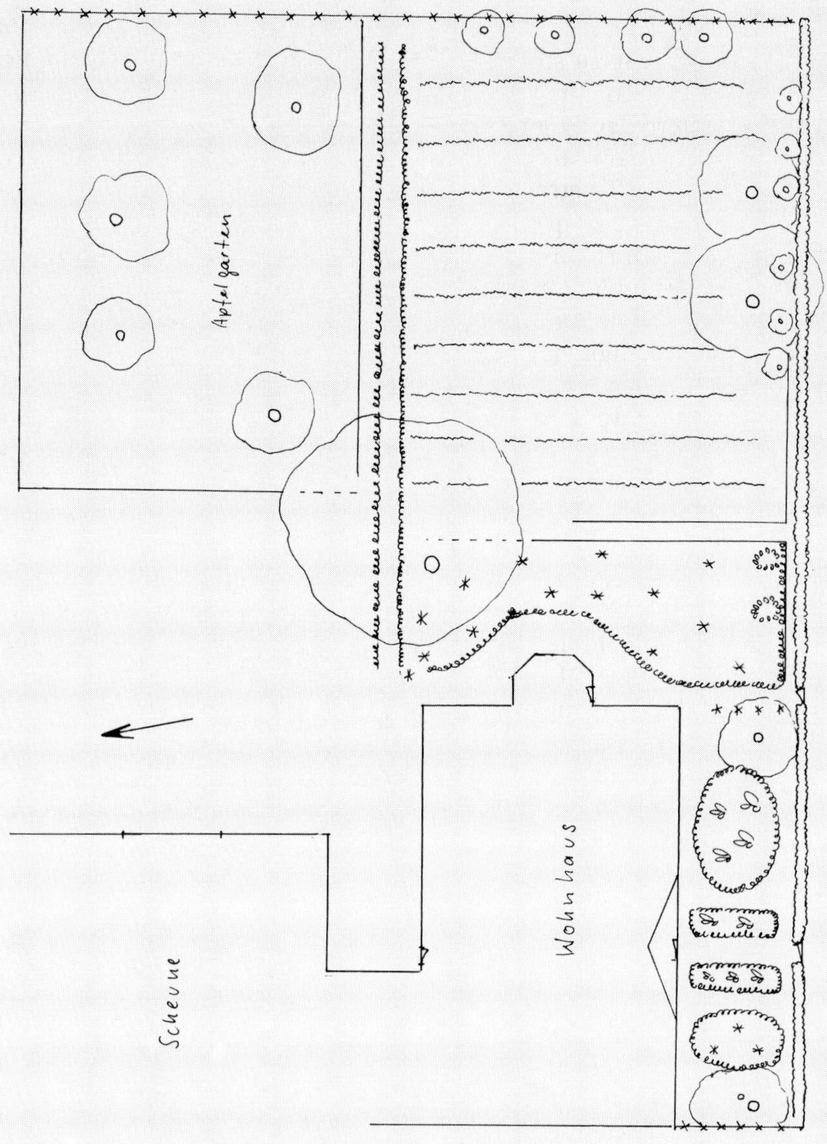

Abb. 37: Plan eines alten Bauernhauses in Lüchow

Die Erhaltung der alten Gartenstruktur bis in unsere Zeit offenbart, wie so häufig in Lauenburg, die besondere Wertschätzung des Ziergartens. Es ist auch in diesem Garten nicht weiter verwunderlich, wiederum auf ein komplettes altes Pflanzensortiment zu stoßen. 38 Blumensorten waren hier ausfindig zu machen, von denen nur Prachtscharte und Langblättriger Ehrenpreis zu den jüngeren Besiedlern der Bauerngärten gehören.

Der große Anteil der üblichen traditionellen Bäume und Sträucher mit Efeu, Eibe, Fliederstrauch, Teestrauch und anderen trägt sehr dazu bei, daß diesem schönen Garten seine ursprüngliche Ausstrahlungskraft erhalten geblieben ist. Die Wahl der Hausbäume, eine Kirsche im Vorgarten und ein Apfelbaum (Jakob Lebel) neben dem Erker, bekräftigen diesen Eindruck.

Alle Kernobstbäume sind alte Sorten, die zum Teil namentlich nicht mehr bekannt sind und lediglich als frühe Birne, große Winterbirne und Saftapfel charakterisiert werden. Der Gemüsegarten beherbergt 16 Gemüse, darunter Seltenheiten wie Spargel, Große Bohnen und Schwarzwurzeln. Der wirtschaftliche Nutzen dieses Gartens ist groß und wird gern gesehen. Er gewährleistet eine 100%ige Selbstversorgung.

Ein alter Lauenburger Bauerngarten in Rotenbek-Kuddewörde

Beim Besuch dieser schönen, aus dem Jahre 1791 stammenden Lauenburger Kate stieß ich nicht nur auf eine erstaunliche Hofgeschichte, sondern auch auf andere Spuren der Vergangenheit, die den Garten wie die künstlerisch und volkskundlich interessante Ausstattung des Hauses selbst betreffen.

1807 war die ehemalige Hofstelle in den Besitz der Familie gekommen. Es war seinerzeit notwendig und familienüblich, zusätzlich zur bäuerlichen Tätigkeit den Tischlerberuf zu erlernen. Diese Tradition wurde vom Vater der Besitzerin insofern unterbrochen, indem er als junger Bauer in Berlin das Kunstmalen erlernte und sich im Bauernhaus ein Atelier einrichtete. Hier entstanden viele Bilder aus dem bäuerlichen Leben, an denen der Garten oft beteiligt war.

Die Wertschätzung alter bäuerlicher Kultur und ein in der Familie ausgeprägter Sinn für handwerkliche und künstlerische Gestaltung ließen dieses Haus samt Garten zu einem lebendigen volkskundlichen „Museum“ werden, in dem neben der alten Herdanlage mit doppeltem Schwibbogen und zahlreichen alten Gerätschaften selbstverständlich die beeindruckende Bildersammlung des Vaters noch immer ihren angestammten Platz im Atelier einnimmt und von der Tochter mit Liebe und Sachverstand gepflegt und erhalten wird.

Der alte Bauerngarten wurde um 1860 herum von der gartenkünstlerisch interessierten Urgroßmutter der Besitzerin als formaler Zier- und Nutzgarten angelegt.

Die Aufgabe des landwirtschaftlichen Betriebes und der Verzicht auf Selbstversorgung mit Gemüse führten in den Nachkriegsjahren zur Auflösung des alten Gemüsegartens, der daraufhin – nach Raseneinsaat – Aussehen und Funktion einer Obstbaumwiese bekam. Es ist sehr positiv zu bewerten, daß die notwendig gewordene Nutzungsänderung nicht dazu geführt hat, das Aussehen des Gartens – beispielsweise durch Koniferen-Pflanzungen – zu verändern, was leider oft anderenorts zu beobachten ist. Dadurch blieb der Charakter des alten Gartens weitgehend erhalten.

Die hübsche kleine Zieranlage an der Rückseite des Hauses (siehe Abb. 38) ist noch als eigentliches Herzstück des Gartens erhalten geblieben. Sie ist übrigens diejenige unter den lauenburgischen Anlagen, die sich am weitesten zurückdatieren ließ und daher gartenkunstgeschichtlich von großer Bedeutung ist!

Artenauswahl und Anordnung der Blumen unterstreichen in wirkungsvoller Weise den an sich durch seine Formgebung schon schmückenden Charakter des Ziergartens: niedrige und halbhohe Einjährige, wie Ringel- und Studentenblume, Kapuzinerkresse, Sommeraster und -azalee sowie prächtige Löwenmäulchen, die alle eine langwährende Blütezeit haben, sorgen für einen farbenfreudigen Anblick der Schmuckbeete. Hochwüchsige Prachtstauden, als da sind Gartenmohn, Rittersporn, Sonnenauge, Herbstastern, zahlreiche

Abb. 38: Ziergartenanlage von 1860 in Rotenbek-Kuddewörde (nach einem Foto von Woldemar Fuchs)

Abb. 39: „Die Hundertblättrige" – Stilleben von Adolf Harten

Dahliensorten, auch Königskerze, Fingerhut, Sonnenblumen und andere mehr bilden eine abschließende Kulisse gegen den Obstgarten hin.

Die Bäume und Ziersträucher dieses Gartens setzen sich ausschließlich aus Laubgehölzen zusammen. Auch dieses ist ein Beispiel dafür, wie bewußt hier mit dem Kulturgut „alter Bauerngarten" umgegangen wird. Besondere Aufmerksamkeit verdient ein Zentifolienstrauch, der als altmodische Rosensorte kaum mehr bekannt ist und nur noch gelegentlich, besonders von älteren Menschen, als Duftspenderin von „Rosa centifolia-Seife" erinnert wird.

Centifolia – die „Hundertblättrige" – so wird sie in dieser Familie noch heute genannt. Hier gehörte sie schon immer zu den bevorzugten Gartenschönheiten. Noch in den 20er Jahren zierte sie mit anderen duftenden alten Rosensorten die Schmuckbeete am Haus und inspirierte den Maler mehrfach zur künstlerischen Darstellung. Eine von ihnen möchte ich an dieser Stelle mit dem freundlichen Einverständnis seiner Tochter in Abb. 39 wiedergeben.

Die wirtschaftliche Frage spielt hier längst keine Rolle mehr. Um so mehr liegt der Nutzen des Gartens im ideellen Bereich, nämlich in seiner gartenkunstgeschichtlichen Bedeutung als ein original Lauenburger tektonischer Ziergarten.

Schleswig-Holsteinische Geest

Holsteinische Vorgeest

Im Kreis Steinburg bilden Moor-, Marsch- und Sanderflächen abwechslungsreiche Landschaftsformen, die besonders im östlichen Landesteil mosaikartig nebeneinander vorkommen können. Nachfolgend soll aus dieser Region, die der Störniederung zugerechnet werden kann, ein Garten aus dem Moorhufendorf Auufer vorgestellt werden.

Ein Moorhufengarten in Auufer an der Hörner Au

Die kleine Gemeinde Auufer an der Hörner Au gehört zum Kirchspiel Breitenburg bei Kellinghusen, das bis 1526 im Besitz des Klosters Neumünster/Bordesholm war, dann – nach Verkauf – der gutsherrschaftlichen Wirtschaftsweise des Grafen Rantzau unterstellt wurde. Eigentliche Leibherrschaft hat es in beiden Perioden der Grundherrenschaft nie gegeben. Die Bewohner des Breitenburger Landes waren schon immer Erbpächter ihrer Höfe (nach Bunte 1987). Freie, selbständige Besitzer wurden sie allerdings erst 1878.

Die ersten Kätner an der Hörner Au hatten zunächst nur einen bescheidenen „Kohlhof" am Haus. Durch Moorabbau für den eigenen Bedarf und auch, um

Abb. 40: Herbstliches Rondell im Bauerngarten von Auufer

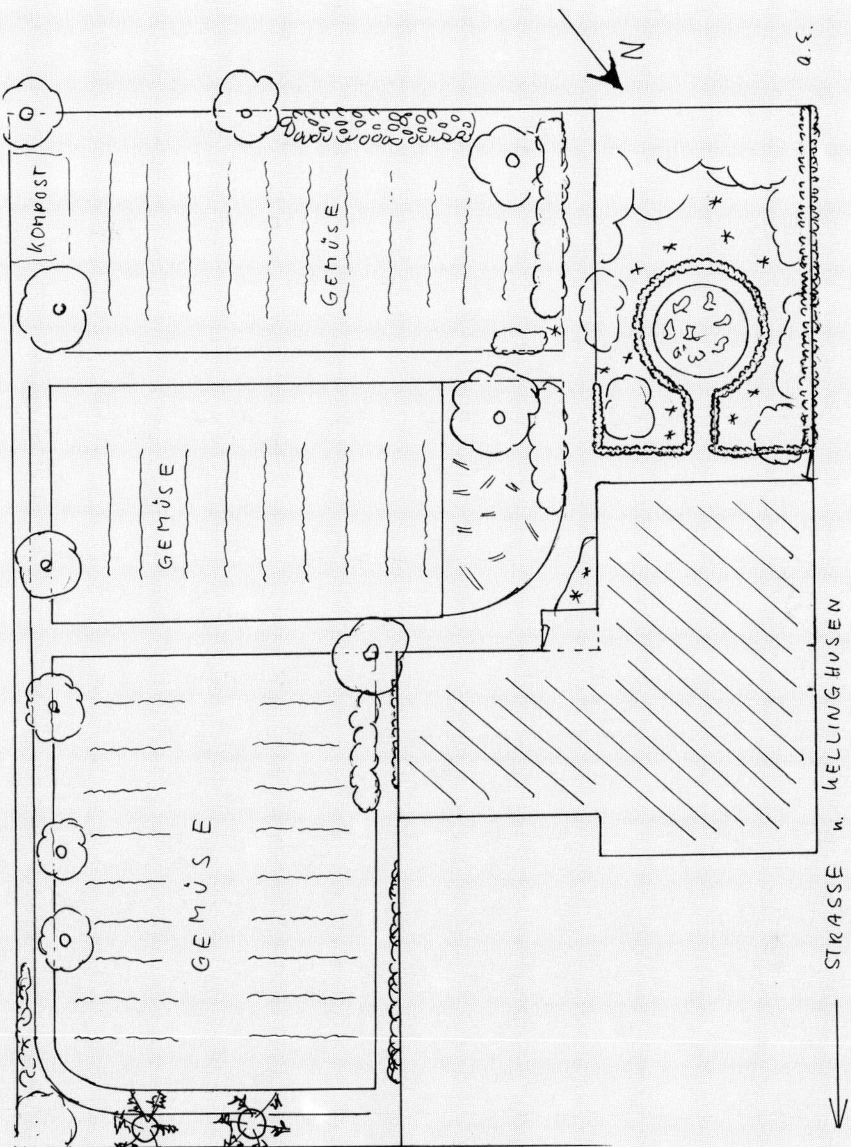

Abb. 41: Plan eines Moorhufengartens in Auufer

Handel zu treiben, wurde allmählich immer mehr Land urbar gemacht, so daß sich hier der jetzige Ort Auufer entwickeln konnte. Es hängt vielleicht mit der Abgeschiedenheit des Dorfes zusammen, daß sich hier ein – in mehrfacher Hinsicht – traditionsgeprägter Garten erhalten hat, in dem Kindheitserinnerungen der Besitzerin noch lebendig sind und Erfahrungen und Wissen seit Generationen von der Mutter an die Tochter weitergegeben werden. Das genaue Alter des Gartens ist nicht mehr bekannt, nur soviel, daß es in den letzten 65 Jahren keine gravierenden Veränderungen gegeben hat, die Einteilung in Zier- und Nutzgarten also schon bestand.

Die gesamte Gartenanlage wurde auf die Hausarchitektur bezogen (siehe Abb. 41). Auf diese Weise lassen sich anhand der Wegeführung vier Bereiche unterscheiden: drei Teile Nutzgartenland sowie ein in sich abgeschlossener Ziergartenbereich westlich des Hauses. Prägendes Element ist hier ein rosentragendes Rondell, das auf einem buchsgesäumten Weg zu erreichen ist und ringsum von überwiegend traditionellen Sträuchern umgeben wird (siehe Abb. 40). Gerade die Strächerauswahl von Falschem Jasmin, Stechpalme, Hortensie und drei Sorten des Fliederstrauches trägt sehr zum Charme des alten Gartens bei. Hier gibt es auch noch alte Namen, wie „Apfelblüte“ für die Japanische Quitte und der heute unbekannte Name „Stechhulst“ für die Mahonie.

Andere Pflanzen dieses Gartens lehrten mich in gewisser Weise das Staunen darüber, daß an einigen Stellen buchstäblich die Zeit stehengeblieben war: z. B. an der Himbeerpflanzung oder am Spargelbeet, denn beide befinden sich seit mehr als 50 Jahren unverändert an Ort und Stelle, unverändert in Gesundheit und Qualität; oder die 60-jährige Winteraster, die den Eingang zum Rondell schmückt, oder die lila Glattblattaster, welche vor 50 Jahren die Wurzelmiete markierte, oder „de Torfmakerblom“, die blühte, wenn man zum Torfstechen ging. Dieser Strauch, ein Schneeball der Sorte „Chenault“, blüht noch heute im Garten; das Torfstechen in Handarbeit ist vorbei, aber der Name blieb erhalten.

Die Reihe der alten Blumen läßt sich noch erweitern um „Lampenputzer“ (Bartfaden), „Weiße Immenblume“ (Gänsekresse), „Osterblume“ (Gemswurz) sowie das kleine Tränende Herz und andere.

Die große Nutzgartenfläche verdeutlicht, daß hier großer Wert auf die Qualität der Nahrung durch den Eigenanbau gelegt wird. Mist und Kompost sorgen für Ernteerträge bei Obst und Gemüse, die den jährlichen Bedarf reichlich decken.

Unterelbe-Niederung

Holsteinische Elbmarschen

Nach der Wiedereindeichung und Entwässerung der Engelbrechtschen Wildnis am Anfang des 17. Jahrhunderts wurde 1616 Glückstadt gegründet. In der Folge wanderten viele Niederländer, die über gute Kenntnisse im Gartenbau verfügten, ins Elbmarschengebiet ein, so daß sich alsbald am Rhin eine von Einheimischen und Holländern getragene Gemüsebaukultur entwickeln konnte. Geologische Faktoren (Bildung von Fielerde) und atlantisches Klima begünstigten diese Entwicklung und die spätere Expansion des Gartenbaus (nach Hingst 1978). Als Mittelpunkt eines großen Gemüseanbaugebietes unterhält Glückstadt noch heute eine Gemüsebauschule.

Manchem von uns könnte die Glückstädter Frühkartoffel noch ein Begriff sein. Leider hat diese hervorragende Sorte keine Bedeutung mehr, weil sie mit den Kartoffeln des EG-Marktes, die bei weitem früher angeboten werden, nicht konkurrieren kann. Aus dem Obst- und Gemüseanbaugebiet der Kremper Marsch sollen anschließend zwei Gärten von Vollerwerbshöfen dargestellt werden.

Ein Kremper Marschengarten in Elskop

Mit Hilfe des Ortsnamens Elskop kann man der von niederländischen Einflüssen geprägten Vergangenheit dieser Region nachspüren. Nach Laur ist Koop (= Kauf) ein Ortsnamengrundwort niederländischer Herkunft, das einen bestimmten Rechtsterminus bei der Besiedlung aufgrund einer Abmachung ausdrückte, wonach Elskop als „Ankauf bei den Erlen" zu interpretieren sein könnte.

Auch die Hofgeschichte selbst verweist auf interessante Spuren der Elskoper Vergangenheit.

So berichtet denn die Familiensage, daß Wallensteins Truppen seinerzeit in der Scheune gelagert haben sollen. In der Tat hat es vor einiger Zeit noch eine solche historische Scheune auf dem Hof gegeben, deren genaues Alter nicht mehr bekannt war. Leider ist sie vor wenigen Jahren einer Brandstiftung zum Opfer gefallen; und tatsächlich haben sich Tillys und Wallensteins Truppen im Lande unbeliebt gemacht, als sie 1628 Glückstadt erfolglos belagerten. Soweit der kleine geschichtliche Einwurf.

Nachfolgend die Gartenbeschreibung: Nach alten Balkeninschriften am Haus ist ein Alter von mindestens 200 Jahren gesichert. Der Garten umfaßt 1000 m^2 Zier- und 600 m^2 Gemüsegarten. Ein separater Apfelgarten wird mit Schafen beweidet. Die heutige Ziergartenanlage entstand 1919 unter den Händen des Großvaters. Dieser nahm die vorhandene, schön gewachsene Blutbuche als Bezugspunkt für die Ziergartengestaltung, indem er (bereits 1919!)

Abb. 42: Die 200-jährige Blutbuche – ein den gesamten Garten beherrschender Hausbaum im Elskoper Bauerngarten

eine L-förmige Rasenfläche um das Haus herum anlegte, die linksseitig von einem langgezogenen Grottenbeet begrenzt wird. Dem Verlauf des Grottenbeetes folgt ein schmaler Gartenweg mit Staudenrabatte entlang der Grenze zum benachbarten Apfelgarten. In der hinteren (nördlichen) Gartenecke schirmt eine Strauchpflanzung den Blick zum Hühnerhof ab.

Der südliche Gartenabschnitt vor der Hausfront unterliegt eigenen Gestaltungskriterien, hat somit Vorgartencharakter ohne völlige Ablösung vom seitlichen Ziergarten. Beiden gemeinsam ist der übergreifende Rasen und das Staudenbeet hinter der Hecke. Eigenständigkeit zeigen dagegen das auf die Hausbreite bezogene Rosenbeet und die vier kugelförmig beschnittenen Rotdornbäume, die auf die Gartenkunst zu Anfang des 20. Jahrhunderts hinweisen (siehe Abb. 42).

Obwohl der Ziergarten ganz sicher nicht als weitläufig gelten kann, verleiht ihm die Blutbuche doch einen parkähnlichen Charakter. Diesem von England übernommenen Vorbild, das in den frühen Jahren des vorigen Jahrhunderts nur zögernd bei uns bekannt und dann als „Garten im gemischten Stil" umgesetzt wurde, scheint auch der fortschrittlich gesonnene Senior der Familie damals nachgeeifert zu haben. Daher ist diese Gartenanlage auch nicht mit den Produkten der Gartenneugestaltungen aus den 50er Jahren zu verwechseln!

Den Besitzern sind Stolz und Freude am Garten sehr wichtig. Deshalb liegt ihnen der Erhalt in seiner jetzigen Form sehr am Herzen.

Am großen Blumenreichtum (86 Sorten) sind verschiedene Aspekte ablesbar, die diesen Garten prägen: zunächst einmal die umfangreiche Sammlung traditioneller Blumen, die auf das Alter des Gartens hinweisen. Zu diesen zählt neben anderen die Grasblättrige Schwertlilie, hier „Blaue Pflaume" genannt. Zweitens ist eine Gruppe von 11 Steingartenpflanzen vorhanden, die auf dem Grottenbeet angesiedelt sind, unter ihnen der Gelbe Lerchensporn, ein Lebenskünstler, wenn es um die Eroberung von Steinfugen geht.

Die restlichen Blumen, die eine dritte typische Aussage über diesen Garten und seine Besitzer machen können, sind diejenigen, die dem Betrachter verdeutlichen, daß jede Zeit ihre neuen Errungenschaften hat. Mehrere, auch neugezüchtete Sorten der Herbstastern, Langblättriger Ehrenpreis, panaschiertes Immergrün, Purpurglöckchen und Pachysandra in zwei Sorten künden eine neue Staudengeneration im Garten an.

Auch zwischen den Gehölzen findet sich eine Gruppe der „Neuen": Essigbaum, Blaufichte, Hemlock-Tanne, Tatarischer Hartriegel, Scheinzypresse, ein blauer Wacholder und Zwergmispel. Sie alle verdeutlichen, daß gelegentlich Neues im Garten angesagt ist, wie z. B. die Zwergmispel in der Heckenpflanzung zu verwenden.

Doch auch hier legt die Mehrzahl der Bäume und Sträucher, wie Buchsbaum, Birke, Eibe, Flieder, Lavendel, Mandelbäumchen, Rotdorn und andere, Zeugnis über einen traditionsreichen Garten ab.

Es sieht so aus, als sei die große Zeit des Apfelgartens, in dem hier noch 30 Bäume in mehreren Sorten, darunter Holsteiner Cox, Martini und Herbstprinz stehen, vorbei. Der Grund ist wohl, daß nach Größe unsortiertes Obst, besonders von alten Sorten, nicht mehr verkaufbar ist.

Ein Marschengarten in Süderauerdorf

Daß man in vergangener Zeit in den Elbmarschen tatsächlich vieles nach niederländischen Vorbildern ausrichtete, bestätigt auch der Name Süderauerriep, wie die genaue Anschrift dieses Hofes in Süderauerdorf lautet. Der Name Riep, eine niederländisch-westfriesische Ortsbezeichnung in der Bedeutung von „Häuserreihe, Seitenweg", kennzeichnet aufs Beste die Ortslage des Hofes, der an einer kleinen Stichstraße neben der Landstraße Süderau/Süderauerdorf liegt.

Auch hier haben wir es mit einem mindestens 200 Jahre alten Garten zu tun, der seit 70 Jahren fast unverändert geblieben ist. Bei einer Einteilung in Zier-, Nutz- und Apfelgarten entfallen 190 m^2 auf das Beerenobst, 250 m^2 auf das Gemüseland und 1015 m^2 auf den Ziergarten.

Der rechteckige Ziergarten liegt an der Rückseite im Westen des Hauses (siehe Abb. 43). Annähernd zur Hälfte wird die vorhandene Fläche von einem halbkreisförmigen Rasenstück eingenommen, an dessen Außenkante sich ein Staudenbeet mit einer Hintergrundbepflanzung aus Sträuchern anschließt.

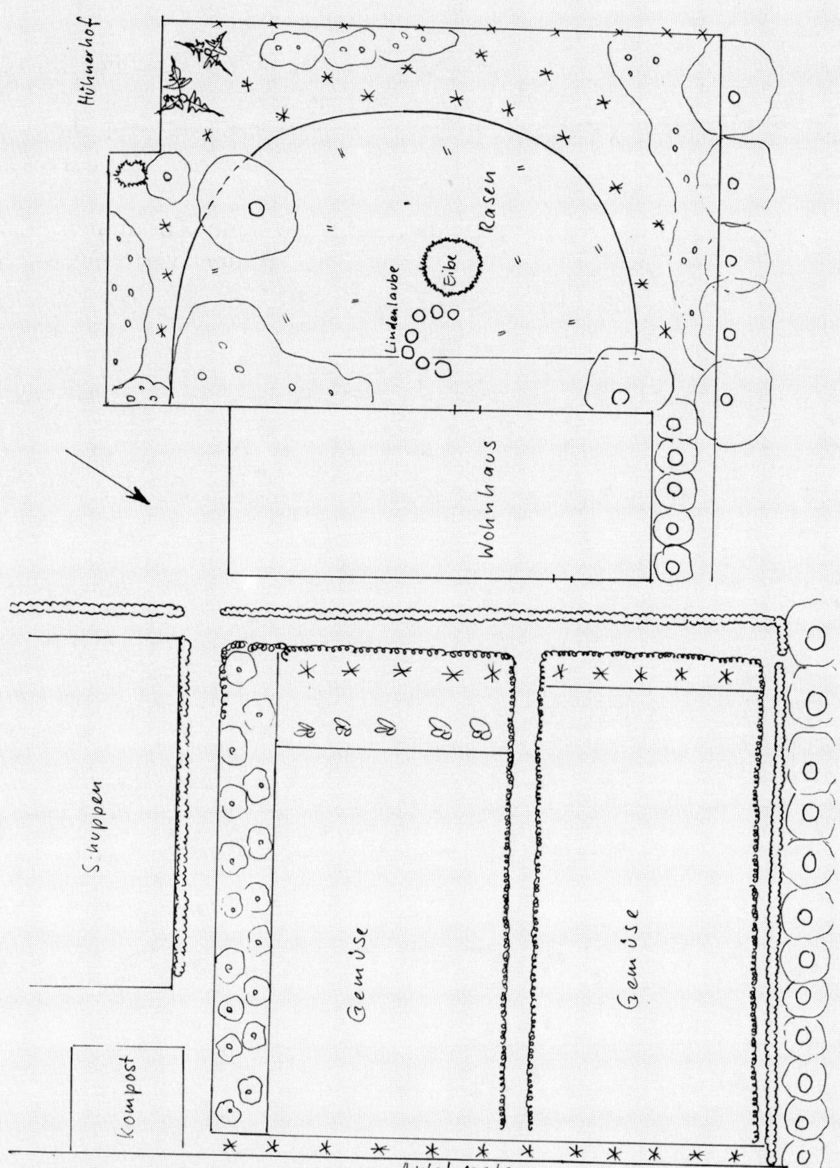

Abb. 43: Gartenplan Süderauerdorferriep

In Hausnähe, sozusagen im Mittelpunkt des Rasenhalbkreises, befindet sich eine halbrunde Lindenlaube. Sie wird aus sieben Linden gebildet, die an heißen Sommertagen für einen kühlen, schattigen Sitzplatz sorgen. Eine kugelig geschnittene Eibe und hohe Bäume, die diesen Gartenbereich als Windschutz allseitig umgeben und die Helligkeit des Lichtes dämpfen, verleihen ihm einen intimen, behaglichen Wohncharakter. Hierin offenbart sich ein starker Kontrast, der zwischen diesem Ziergarten und der umgebenden herben Landschaft besteht.

Der Bestand von 53 Blumensorten paßt aufgrund seiner Zusammensetzung gut in den Rahmen des alten Gartens. Es sind einige Blumen vertreten, die man nur noch selten aufspürt: lila blühende Flockenblume, Ewigkeitsblume, Seifenkraut, Grasblättrige Schwertlilie und sogar die Schachbrettblume, die einst für die Wiesen dieser Region bezeichnend war (siehe Abb. 45).

Eine überraschende Anzahl, nämlich 40, ergab die Auflistung der Bäume und Sträucher des Ziergartens. Aufgrund ihres hohen Alters und der damit zusammenhängenden Größe dominieren die traditionellen Arten optisch, obwohl das Zahlenverhältnis von neuen zu alten Sorten 1 : 1 ist.

Die Anpflanzung von Sommerlinden vor dem Haus ist ein typisches Merkmal der Westküstengärten.

Auf der nordöstlichen Seite des Bauernhauses liegt der annähernd quadratische Gemüsegarten des Hofes. Ein E-förmiges Wegesystem teilt die Fläche

Abb. 44: Eine dichte Weißdornhecke umgibt den alten Gemüsegarten in Süderauerdorf; im Hintergrund windschutzspendende Linden

Abb. 45: Die „wilde Tulpe“ der Elbmarschen: die Schachbrettblume

so ein, daß dort zwei gleich große Gemüsestücke und im südlichen Bereich eine vierreihige Beerensträucherpflanzung Platz finden. Die Stirnseite des Gemüselandes wurde durch Blumenrabatten aufgelockert. Einjährige Pflanzen, bunt blühende Kräuter und Rosen setzen ein paar fröhliche Farbtupfer in das Grün der Gemüsepflanzen. Diese Art der Anlage mit buchsgesäumten geradlinigen Wegen und einer akuraten Weißdornheckeneinfassung entspricht dem Typ des traditionellen, formal gestalteten und verzierten Nutzgartens. Die zur Windabwehr gepflanzten Linden- und Pappelreihen vermitteln hier – marschentypisch – den Eindruck einer zweifachen Einfriedigung (siehe Abb. 44).

Grundkenntnisse aus der Jugend, später auch die Ausbildung zur Hauswirtschaftsmeisterin und die Tätigkeit als Beraterin an der Landwirtschaftsschule führten zu detailierten Gartenkenntnissen. Im Zusammenhang mit der Düngung (alle zwei Jahre Mist, sonst Kompost und Gründüngung) sorgt ein wohlüberlegter Anbauplan nach dem Stark- und Schwachzehrer-Prinzip für einen ausreichenden Ertrag zur ganzjährigen Versorgung mit Obst und Gemüse.

Unter den 20 Obstsorten sind insbesondere Jostabeere und eine bunte Mirabelle hervorzuheben. Von den Apfelsorten sind nur vier namentlich bekannt, darunter die Goldrenette und der Martini, die beide keinen Markt-, nur noch Liebhaberwert haben.

Dithmarscher Marsch

Die geologischen Formationen Dithmarschens, Geest, Moor, Donn und Marsch, die weitgehend durch die Eiszeit und die nacheiszeitlichen Folgeerscheinungen, wie Klimaveränderungen und Meerestransgression, geprägt bzw. erst gebildet (Marsch) wurden, legten die Grundlage für ein abwechslungsreiches Landschaftsbild.

Wechselnde Naturereignisse (Sturmfluten) und eine bewegte Geschichte, in deren Verlauf sich die damalige freie Bauernrepublik Dithmarschen im Zeitraum zwischen dem 14. und 16. Jahrhundert mehrfach erfolgreich gegen eine Vereinnahmung durch schleswig-holsteinische Feudalherren wehren konnte, werden dazu beigetragen haben, daß sich hier ein besonders selbstbewußter und reicher Bauernstand entwickeln konnte. Ging doch in früheren Zeiten das geflügelte Wort um: „Ditmeren, dat schülen Buren sin? Itt mögen wohl wesen Herren!“ (aus: Degn und Muuss 1979).

Der Süderhof in Mühlenstraßen

Der alte Süderhof gehört zur kleinen Ortschaft Mühlenstraßen bei Brunsbüttel. Das denkmalgeschützte Bauernhaus wurde 1805 errichtet und liegt nur wenige hundert Meter abseits vom Deich an der Elbmündung, inmitten des alten Anwesens, das von hohen Baumkronen schützend umgeben wird.

Die Erbauer des Hauses müssen wohlhabend gewesen sein, denn der Wohnteil mit den reich ausgestatteten historischen Räumen, Pesel und Wohndiele, ist noch – in wohl einmaliger Weise – erhalten geblieben.

Nach mehrfachem Besitzerwechsel gelangte der Marschenhof 1950 in die Hände eines Juristen, der den Hof, da er selbst in ministeriellen Diensten und als Landrat tätig war, von einem Verwalter bewirtschaften ließ. Während seiner Studienzeit in England hatte er den englischen Landschaftsgarten kennen und lieben gelernt. Sein weitreichendes Wissen um diese Gartenkunst ließen ihn, der selbst von einem traditionsbewußten westfälischen Hof stammt, zu einem hervorragenden Sachwalter des altehrwürdigen Süderhofes und seines Gartens werden.

Auf einem rechteckig zugeschnittenen Stück Marschenland von 12 900 m² Größe, das vermutlich bereits um 1450 eingedeicht worden ist (nach Degn und Muuss 1979) und vor 100 Jahren noch dreiseitig von Graften umgeben war, präsentiert sich der parkähnliche stattliche Bauerngarten samt Hofgelände wie eine Insel in der umgebenden Landschaft.

Die alten Papiere von 1894 weisen eine Aufteilung des Gartens in 5000 m² Obst- und Kälbergarten, 1300 m² Gemüsegarten und 6600 m² Ziergartengelände aus.

Die frühere Einteilung mit dem großen Gemüsegarten und den Obstwiesen wurde zugunsten der Parkgestaltung in der Weise aufgegeben, daß die Obst-

Abb. 46: Süderhof: parkähnlicher Garten im englischen Stil mit Ziergehölzraritäten und alten Obstbäumen

bäume in den Ziergarten integriert wurden. Die wirtschaftliche Frage der Gartennutzung spielt keine Rolle mehr. Die Bedeutung des Gartens liegt vielmehr in seiner Schutzfunktion, die dem Anwesen durch die Bäume gewährt wird; darüber hinaus wird die ideelle Bedeutung hoch bewertet.

Aus diesem Grunde wollen wir den Ziergarten in den Mittelpunkt unserer Betrachtung stellen: Die parkähnliche Gestaltung, die ja ansatzweise schon vorher vorhanden war und vom jetzigen Besitzer durch weitere Baumpflanzungen noch vervollkommnet worden ist, trägt in der Tat durch die großzügigen Rasenflächen und durch die wirkungsvoll gewählten Gehölzstandorte die Züge eines englischen Landschaftsgartens.

Als Bestandteil einer älteren Gartenepoche finden wir an der nordwestlichen Gartengrenze eine ehemalige Laube aus fünf im Halbkreis gepflanzten Linden. Die Bäume sind inzwischen durchgewachsen und bilden eine gemeinsame, von der Windschur gestaltete Krone (siehe Abb. 46).

Einige markante Punkte des Gartens, die südliche Hausecke, Sitzplatz und Küchengarten im Innenhof, sind durch Blumen und Rosensträucher in den Blickpunkt gerückt. Da die Blumenbeete in diesem Garten, wie oben geschildert, eine untergeordnete Rolle innerhalb der parkartigen Gestaltung einnehmen, habe ich den verhältnismäßig hohen Anteil an traditionellen Bauerngartenblumen, der mehr als die Hälfte des aufgelisteten Bestandes von 60 Sorten ausmacht, mit Überraschung zur Kenntnis genommen. An seltenen Arten sind zu nennen: Echter Alant, Milchstern, Nachtviole und eine besondere botanische Rarität: die Sumpf-Wolfsmilch, eine vom Aussterben bedrohte Elbstromtalpflanze.

Der Gehölzbestand läßt nicht nur das Herz eines Dendrologen, sondern jedes Gartenliebhabers höher schlagen. Es waren 84 Arten und Sorten von heimischen, altvertrauten und von selten gesehenen Bäumen und Sträuchern aus vielen Ländern der Welt stammend, aufzulisten. Von diesen seien nachfolgend die Besonderheiten hervorgehoben: Amerikanischer Amberbaum, Buchen und Spitzahorn in drei Sorten, Scheinbuche, Pyramiden- und Sumpfeiche, Golderle, Trauer- und Blumenesche, Ginkgo, Parrotsie, Perückenstrauch, Platane, Roßkastanien in drei Sorten – darunter eine Strauch-Roßkastanie – und eine Gelbe Pavie, die vermutlich bereits kurz nach dem Hausbau gepflanzt worden ist. Sternmagnolie, Tulpenbaum, Sumpfzypresse, Trompetenbaum und eine Hänge-Dotterweide sollen die Reihe der Exoten beschließen.

Von den neun Rosensorten ist allein das gefüllt blühende Zimtröschen besonders bemerkenswert, nicht nur, weil es bereits in den spätmittelalterlichen Kräuterbüchern erwähnt wurde, sondern weil es hier ein überaus dichtes, mehrere Quadratmeter umfassendes Gebüsch bildet, das wohl schon mehrere Menschengenerationen im Garten überdauert hat.

Das ovale Beet des Innenhofes, das einen kleinen in sich abgeschlossenen Nutzgarten bildet, bunt gemischt aus Beerenobststräuchern, Blumen und Küchenkräutern, präsentierte sich während meines Besuches, da es gerade Hauptblütezeit der Kräuter und Stauden war, als Tummelplatz für Hummeln, Schmetterlinge, Schwebfliegen und Bienen.

Der Besuch dieses Gartens war nicht nur deshalb so lohnend, weil er mit zahlreichen seltenen und besonders edlen Gewächsen ausgestattet ist, sondern auch, weil sich sein Besitzer als ein Mensch erwies, der sich der Wertigkeit seines historischen Gartens dankbar bewußt ist und mir in beeindruckender Weise vermitteln konnte, wie dieses Bewußtsein zu einem engagierten Verantwortungsgefühl für den Erhalt des Gartens führt.

Heide-Itzehoer Geest

Ein rekonstruierter Bauerngarten in Hennstedt

Hennstedt, ein altes, schon 1281 urkundlich erwähntes Kirchdorf in Norderdithmarschen, liegt auf Geestgebiet eben südlich der Eidermarschen. Aus diesem Dorf ist über die Rekonstruktion eines „alten Bauerngartens" nach traditionellem Vorbild zu berichten, dessen Problematik auf Seite 142 noch näher erläutert wird. Die vom Bürgermeister ausgegangene Idee – bedeutsam und richtungsweisend zugleich – wurde 1983 mit öffentlicher Unterstützung seitens des Heider Amtes für Land- und Wasserwirtschaft in die Tat umgesetzt.

Der betreffende Bauerngarten eines Hennstedter Ehepaares, der weiterhin in Privatbesitz ist und privat genutzt wird, steht jedermann wie ein Dorfpark zum Betreten offen. Vor mehr als 100 Jahren kam der Garten in den Besitz der Familie und wurde in den 50er Jahren schon einmal nach modernen Gesichtspunkten zu einem bäuerlich geprägten „Rasen-Koniferen-Garten" umgestaltet.

Der rechteckige Grundriß des 1000 m² großen Gartenlandes bot sich geradezu an für eine linear betonte Neuanlage, die sich an dem bekannten historischen Klostergartenkonzept orientiert: Eine doppelte, kreuzförmige Wegeführung, die sowohl auf die Querachse wie auf die Längsseite des Hauses bezogen wurde, teilt das Grundstück in sechs wiederum rechteckige Flächen von zweierlei Größe ein (siehe Abb. 47). Die von der Haustür ausgehende Hauptachse des Gartens erweitert sich im Wegekreuz zu einem Rondell, dem optischen Mittelpunkt der Anlage. Die Bedeutung des Rundbeetes wird durch zwei Attribute besonders hervorgehoben: Zum einen ist es die Betonung des Beetes durch vier Rosenbögen, zum anderen die dreifache Buchsbaumumrandung. Auf diese Weise vermögen die hier geballt vorhandenen runden Formen die in den übrigen Partien streng lineare Gestaltung harmonisch auszugleichen.

Es gehörte bei der Gartenplanung zum festen Konzept, möglichst alte Staudensorten aus den Gärten der näheren Umgebung zusammenzutragen. Das Sammelergebnis ist sehr zufriedenstellend, denn der Garten ist inzwischen eine Fundgrube für viele sehr alte Arten, wie z. B. Akelei, Dreimasterblume, Eisenhut, Goldlack, Himmelsleiter, Kaiserkrone, Moschus-Malve, Märzenbecher, Mutterkraut, das hier „Mutterblume" genannt wird, weiße und rosa

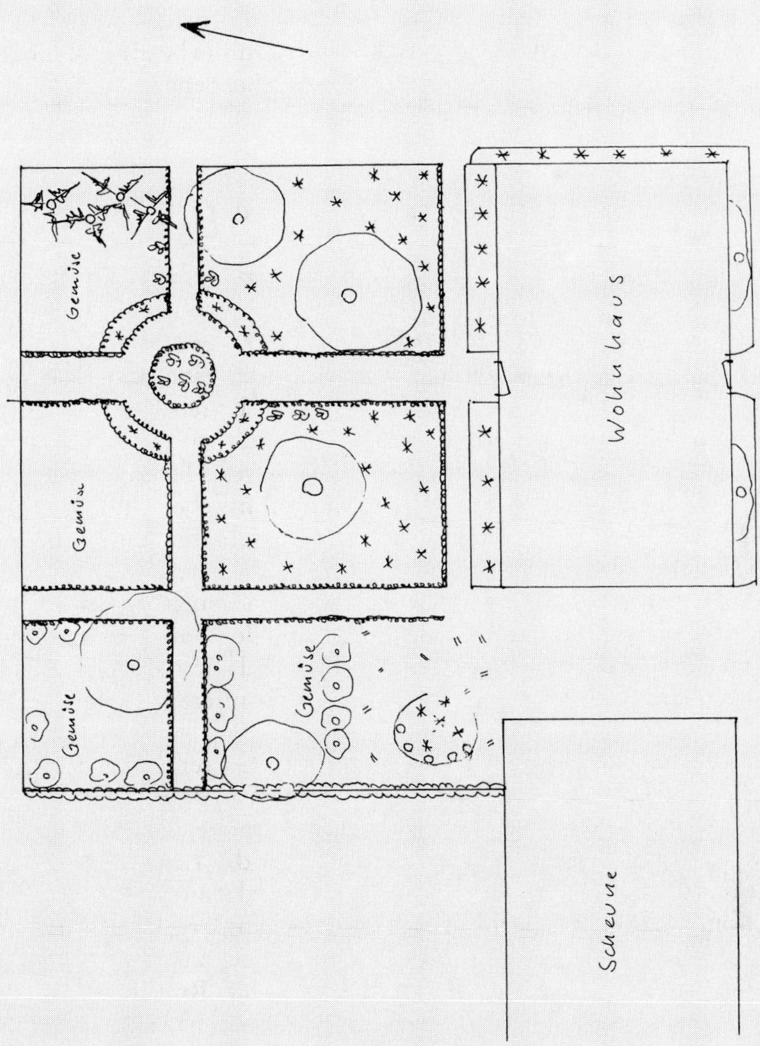

Abb. 47: Plan des rekonstruierten Gartens in Hennstedt

Federnelken, Schwertlilie, Spiräe oder das Porzellanblümchen, das hier als „Teetasse“, anderenorts auch als „Nackte Jungfer“ bekannt ist. Man findet auch die Weberkarde, die im Laufe der Zeit ihren Status als Kulturpflanze aufgebessert hat und nun im Staudenbeet die Vergünstigung einer Zierpflanze erfährt, nämlich gute Pflege und menschliche Bewunderung.

Natürlich sind auch die neuen Sorten vorhanden, verschiedene Ziergräser, Hainsimse, Pachysandra und Palmlilien, Prachtscharte, Großblütiger Ziest und die schöne Krötenlilie. Insgesamt waren 111 Arten und Sorten zu vermerken.

Mit der Einteilung der Blumen in Stauden, Zwiebelgewächse und Einjährige, wie ich es praktiziert habe, ist es mit dem Blumensegen des Gartens noch längst nicht getan. Denn nicht weit von Hennstedt liegt Meldorf, das Dorado für Alte Rosen im sonst so herben Dithmarschen. Die Nachbarschaft mit der Meldorfer Rosensammlung brachte diesem neuen „alten Bauerngarten“ einige historische Rosensträucher der alten Klasse ein: Damaszener, Rote und Weiße Rosen.

Das übrige Gehölzsortiment, das zusammen 36 Sorten umfaßt, enthält noch einige Relikte des ehemaligen Koniferengartens, z. B. Blaufichte, zwei Scheinzypressen und einen blauen Wacholder. Aber Eibe, Efeu, Flieder und Pfaffenhütchen sind als „kontrapunktische“ Arten auch vorhanden.

Sogar die Kräutersammlung, die eine eigene Rabatte einnahm, war für Überraschungen gut: Eberraute, Engelwurz, Herzgespann und Wermut waren mir noch in keinem Bauerngarten begegnet. Prächtig hochgewachsen standen sie da wie Pflanzen in einem Museumsgarten, nämlich ungenutzt, da keiner ihre Verwendung kannte!

Schleswig-Holsteinische Marschen und Nordseeinseln

Folgen und Auswirkungen der letzten Eiszeit und der beiden großen Sturmfluten von 1362 und 1634 haben die nordfriesische Küstenentwicklung stark beeinflußt und zu andauernden Veränderungen der Küstenlinie geführt. Aus dieser ehemals amphibischen Landschaft sollen zwei Gärten dargestellt werden, der Hochdorfer Garten in Tating und aus Fahretoft ein Garten mit historisch-literarischer Vergangenheit. Beide liegen auf altem Siedlungsland.

Eiderstedter Marsch

Der Hochdorfer Garten in Tating/Eiderstedt

„Hochdorf – Garten und Hauberg – immer noch eine besondere Sehenswürdigkeit in unserer Landschaft Eiderstedt“, so umreißt der Tatinger Lehrer im Ruhestand Friedrich Johannsen in einer 1970 erschienenen Broschüre mit wenigen Worten die Bedeutung dieser Eiderstedter Hofanlage. Nach Fischer (aus: Degn und Muuss 1979) liegt der Hochdorfer Garten gerade im Grenzbereich zwischen altbedeichter hoher Marsch und den Resten einer west-östlichen Nehrung, die entlang der heutigen Bundesstraße 202 verlief. Diese Tatinger Dünen waren nach Johannsen in frühester Zeit als erste besiedelt worden. Der alte Name Hochdorf, wie der westlich, auf sandigem Untergrund gelegene Ortsteil von Tating noch heute heißt, dürfte auf die im Vergleich zur Umgebung leicht erhabene Lage zurückzuführen sein.

Hochdorfer Garten und Haubarg gehörten einst zu einem stattlichen bäuerlichen Anwesen, dessen Größe von Johannsen mit 200 Demat (altes Flächenmaß) zugehörigen Landes angegeben wird. Seine letzten Eigentümer, das Ehepaar Doris und Jacob Richardsen, bestimmten, nachdem ihre Ehe kinderlos geblieben war, im Jahre 1904 testamentarisch, daß der Hochdorfer Garten samt Haubarg für alle Zeiten öffentlicher Dorfpark – im Sinne einer Stiftung – werden sollte.

Die öffentliche Nutzung des Gartens besteht, von Spaziergängern abgesehen, einerseits darin, daß hier in den Alleen die jährlichen Ringreiterspiele des Dorfes abgehalten werden, andererseits, daß im unteren, östlichen Gartenbereich die Gedenkstätte für die Opfer beider Weltkriege untergebracht worden ist. Der Haubarg selbst wurde 1954 aus wirtschaftlichen Gründen aus diesem Vertrag herausgelöst und verkauft.

Aus der Abb. 48 ersieht man eine deutliche Zweigliederung des Gartens in den frontal zum Haubarg liegenden Hauptteil im französischen Stil und einen sich südlich davon erstreckenden Englischen Park. Zunächst soll auf die original erhaltene französische Anlage von 1764 eingegangen werden.

Nach Art der Barockgärten durchzieht der Hauptweg, zugleich Mittelachse des Gartens und Verlängerung der Hausachse, den Garten in ganzer Länge, ihn dadurch halbierend. Zwei parallel geführte Alleen, Nord- und Südallee genannt, begrenzen den Französischen Garten beidseitig. Querwege als typische kreuzförmige Wegeführung untergliedern die Flächen in 12 Quartiere, deren verschieden gestaltete Größen zunächst ungeordnet erscheinen, jedoch bei genauem Hinsehen nicht nur in Bezug auf die Längsachse, sondern auch zur Querachse eine Symmetrie erkennen lassen.

Die quadratisch bemessenen Quartiere V – VIII bilden den zentralen Teil des Gartens. Dessen architektonischer Mittelpunkt ist das in Abb. 49 dargestellte Rondell. Mit zunehmendem Abstand vom Zentrum nimmt die Fläche der Quartiere von III und IV zu I und II sowie von IX und X zu XI und XII

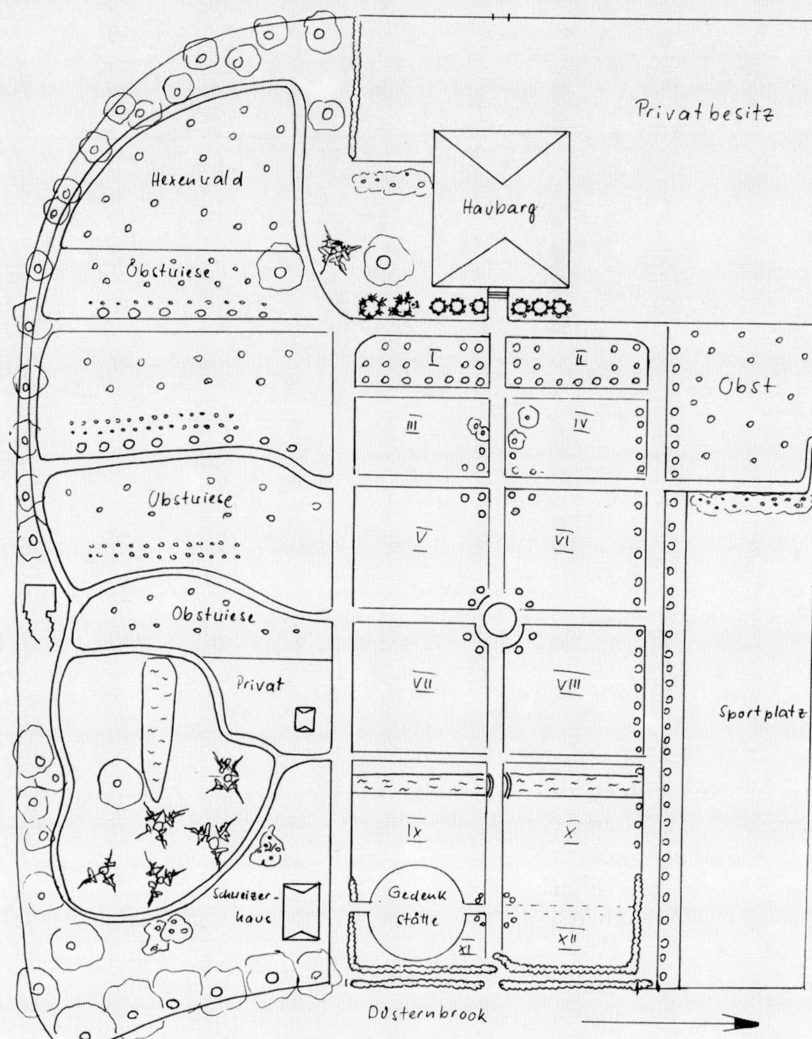

Abb. 48: Plan des Hochdorfer Gartens

Abb. 49: Mittelachse mit Begonienrondell im Hochdorfer Garten

nach beiden Richtungen ab. Da der Querweg nicht mehr vorhanden ist, muß die Einteilung der Quartiere X und XII nach der vorgefundenen Situation im Garten gedanklich rekonstruiert werden. Sechs kreisförmig gepflanzte Linden lassen jedoch auf ein früheres Vorhandensein eines Wegekreuzes mit Rondell schließen. Ein drittes ehemaliges Rondell lag vermutlich im Bereich von III/IV und V/VI.

In einer typischen Barock-Gartenanlage sind die in Hausnähe liegenden Felder, die hier den Quartieren I und II entsprechen, üblicherweise baumfrei und den geometrischen Beetanlagen (Parterres) vorbehalten, die einen freien Blick über den Garten gewährleisten. Im Hochdorfer Garten sind sie allerdings abweichend mit gestutzten Linden (ob original?) bepflanzt. Dieses kann unterschiedlich interpretiert werden. Ob es sich um eine Angleichung an die Praxis anderer Bauern, die aus Windschutzgründen sogenannte Lindenschirme vor ihre Häuser pflanzten, und somit um eine bewußte, stolze Betonung des Bauerntums handelt, oder ob es sich aus praktischen Gründen um eine Ersparnis von Arbeitskraft und Pflegekosten handelt, die eine Parterre-Anlage natürlich beansprucht hätte, sei dahingestellt.

Auf dem Hauptweg überquert man nach dem Passieren der linksseitigen Gedenkstätte auf einer Holzbrücke einen Graben, den sogenannten Teich, der wohl eher als Rest eines ehemaligen Graftensystems aufzufassen ist, dessen Spuren auch im englischen Park erkennbar sind. Von den ursprünglich fünf vorhandenen Obstwiesen liegt die älteste, von der Parkgründung herrührende, nördlich der Quartiere II und IV.

Die Lage des ehemaligen Gemüsegartens ist nicht überliefert worden und daher nicht eindeutig zu lokalisieren [vgl. auch Schramm-Braun (1983)].1886 wurde der Hochdorfer Garten in südlicher Richtung um die doppelte Fläche erweitert. Das zugekaufte Stück wurde parkartig im englischen Landschaftsgartenstil angelegt, dessen bogenförmige Wegeführung sich deutlich von der regelmäßigen des Französischen Gartens abhebt. Vier zusätzliche Obstbaumwiesen wurden im Mittelfeld, dem Zeitgeist entsprechend unregelmäßig, angelegt und – unter dem Aspekt „das Schöne mit dem Nützlichen zu verbinden“ – auf diese Weise gut in den Englischen Park integriert. Oberer und unterer Teil wurden durch Laubholz- (Hexenwald) und Koniferenpflanzungen rein parkmäßig gestaltet. Am östlichen Parkrand ließ Jacob Richardsen dicht an der Straße Düsternbrook das Schweizer Haus als Sommerresidenz der Familie erbauen.

Die eigentlichen Attraktionen des englischen Parks wird man allerdings erst gewahr, wenn man beim Durchwandern den südlichen Parkrand erreicht hat. Hier tauchen unerwarteterweise zwei künstlich modellierte Hügel auf; der

Abb. 50: Hochdorfer Garten: Ruine im englischen Gartenteil – einem Gemälde C. D. Friedrichs nachempfunden

größere von beiden trägt eine nachgebaute Ruine (siehe Abb. 50), die der Burgruine des Oybin, auf einem Gemälde Caspar David Friedrichs dargestellt, nachempfunden sein soll (Johannsen mündl.).

Im mittleren Parkbereich, dort, wo sich die Obstbaumwiesen befinden, kann man nahe der drei nord-südlich verlaufenden Querwege auf Laubholzpflanzungen stoßen, die hier unverständlich erscheinen, weil sie anlagemäßig nicht in das Schema des englischen Parks passen. Es handelt sich um geradlinige, teils doppelreihige Hainbuchen, die ehemals beschnitten worden waren. Inzwischen sind die Stämme durchgewachsen. Nach meiner Überzeugung müßte es sich hier um die Reste von Laubengängen, als Bestandteil einer früheren französischen Gartenanlage, handeln. Das Grundstück war zuvor als Garten im Besitz eines Ölmüllers.

Die besondere Nutzung des Gartens als öffentlicher Park, dessen Pflege nur notdürftig aus öffentlichen Mitteln getragen werden kann, beschränkt die Artenanzahl der Blumen verständlicherweise sehr. Von großer Schönheit sind im Frühjahr die weitläufigen Krokus- und Narzissenwiesen. Das Schwergewicht des Hochdorfer Pflanzenbestandes liegt eindeutig bei den Gehölzen, die eine bemerkenswerte Sammlung heimischer und ausländischer Bäume und Sträucher sind. Während des zweiten Weltkrieges fiel eine große Menge von einheimischen Bäumen der Brennholzgewinnung zum Opfer; z. B. die beiden Sommerlindenalleen, die später durch Silberlinden ersetzt wurden. Dank dieser Schonungsmaßnahmen sind noch heute etliche, vor allem an der Westküste seltene Gehölze im Hochdorfer Garten zu bewundern: Gingko, Riesen-Lebensbaum, Schirm-Magnolie, mehrere Arten der Scheinzypresse, Schirmtanne, Tulpenbaum, eine hübsche Sumpfzypresse und riesige Nordmannstannen, die leider bereits Abgangserscheinungen zeigen. Bemerkenswert sind auch die kugeligen Buchsbäume und die mächtige Stechpalme, die nahe am Haubarg stehen.

Auf den teils nur noch lückig bestandenen Obstbaumwiesen sind heute von 600 Apfelbäumen nur noch 200 Exemplare vorhanden. Nach Auskunft des Tatinger Bürgermeisters war von der Sortenvielfalt vergangener Zeiten nur noch der Gravensteiner namentlich auszumachen! Mir selbst war es leider auch nicht möglich, weitere Sorten zu identifizieren, da mein Gartenbesuch zu einer diesbezüglich ungünstigen Jahreszeit, im Sommer, stattfand.

Die Nutzung der Apfelernte steht nach guter alter Almendeart jedermann frei. Darüber hinaus wäre es denkbar, die alten Obstwiesen, die mit Sicherheit ein wertvolles Reservoir von klimatisch angepaßten Apfelsorten bilden, nicht nur pfleglich zu behandeln, eventuell junge Bäume nachzupflanzen, sondern sie als Pomarium, eine Sammlung historischer Apfelsorten, der Öffentlichkeit zu präsentieren.

Französischer und englischer Gartenstil, beide wirkten in ihrer jeweiligen Epoche richtungsweisend für die Weiterentwicklung der europäischen Gartenkunst. Eine Kombination beider Stile, wie sie im Hochdorfer Garten nebeneinander vorkommen, war auf den schleswig-holsteinischen Großbauernhöfen im 19. Jahrhundert, wie schon auf Seite 40 dargestellt wurde, durchaus üblich gewesen.

Mit dem Hochdorfer Garten verfügt die Gemeinde Tating über eine in dieser Landschaft ungewöhnliche Attraktion für den Fremdenverkehr. Diese gartenkunstgeschichtliche und volkskundlich hochrangige Kostbarkeit ist – nach gartendenkmalpflegerisch vorzugebenden Maßnahmen – unbedingt zu erhalten.

Nordfriesische Marsch

Ein historisch und literarisch bedeutsamer Garten in Fahretoft

War es zunächst nur der bunte Gemüsegarten am alten Friesenhaus auf der Gabrielswarft, der mir während der Fahrt durch Fahretoft aufgefallen war, beeindruckte mich wenig später auch die Inschrift der bronzenen Gedenktafel, die neben der Haustür angebracht war. Bis zu diesem Zeitpunkt war mir nichts über Hans Momsen bekannt gewesen, der als autodidaktischer Wissenschaftler, Lehrer, Deichvogt und Landmann von seiner Geburt 1735 bis zu seinem Tod 1811 in diesem bescheidenen Friesenhaus gelebt hat. Erst meine Versuche, der Persönlichkeit dieses Mannes auf die Spur zu kommen, vervollständigten sein Bild auf für mich faszinierende Weise.

„Ihr ... habet wohl auch schon über unsern Hans Mommsen aus Fahretoft reden hören, der ein Bauer war und doch Boussolen und Seeuhren, Teleskopen und Orgeln machen konnte." Es handelt sich hier um ein Zitat aus der Schimmelreiter-Novelle Theodor Storms, der mit diesen Worten die Geschichte des Schimmelreiters, vom Schulmeister erzählt, einleitet.

Nach der umfangreichen Quellenforschung von Barz (1982) zum Thema Schimmelreiter ist in dem Friesenjungen Hans Momsen aus Fahretoft das Vorbild für Hauke Haien, den Schimmelreiter, zu finden. Es wird überliefert, daß er seine mathematisch orientierte Wißbegierde mit den Schriften des Euklid zu stillen suchte und den Dorfschullehrer mit allzu logischen Fragen zur Verzweiflung brachte – denn dieser lehrte 200 Jahre nach Kopernikus und ein Jahrhundert nach Kepler und Galilei noch immer, daß sich die Sonne um die Erde drehe!

Das seit 1972 denkmalgeschützte Haus wurde bereits vor 1735 gebaut und ging 1990 in die Betreuung des örtlichen Heimatvereins über. Das Gartenalter dürfte ähnlich zu datieren sein. 1964 übernahm eine blumenliebende Pächterin den bis dahin aus alter Tradition nur als Gemüse- und Kartoffelland bewirtschafteten Garten. Heute präsentiert er sich als prächtiger Gemüsegarten, dessen Wege mit einem breiten Blumenband verziert sind.

Seine Ausstattung als verzierter Gemüsegarten und die Hanglage auf der Warft lassen die Anlage einfach und zweckmäßig erscheinen. Warftverlauf, östliche Begrenzung zum Nachbarn hin und die in west-östlicher Richtung

Abb. 51: Historischer Garten in Fahretoft: untere Gartenbegrenzung mit Indischem Springkraut.

auf das Haus zuführende Auffahrt geben dem Garten seine stiefelförmige äußere Gestalt, die von den wegebegleitenden Blumenrabatten aufgenommen und dadurch noch hervorgehoben wird. Die große Gemüsefläche selbst wurde nicht weiter untergliedert.

Die Gartenbegrenzung am Fuße der Warft bildet ein Graben, dessen Ränder mit Indischem Springkraut bepflanzt sind (siehe Abb. 51).

Auf der südlichen Warftseite befindet sich der Obstgarten, der zum Windschutz auf der Westseite von hohen Eschen und Ulmen umgeben ist. Alle vorhandenen Obstbäume sind uralt. Besonders hübsch ist die bunte „Augustbeere“ anzusehen, die sich je nach Sonnenlage gelb bis leuchtend rotbäckig ausfärbt. Ihr Alter wird mit gut 100 Jahren angegeben.

Auf der großen Gemüsefläche wachsen hier 19 Sorten bestes Gemüse heran; neben vier Kohlarten sind besonders Kürbis, Schalotten und Mangold erwähnenswert, weil selten in diesem Landstrich anzutreffen.

Die gartengeschichtlich ja erst später hinzugekommenen 32 Blumensorten bestehen zum überwiegenden Teil aus traditionellen Arten der Bauerngärten, wie Große Fetthenne, Bundgras, Grasnelke, Feuerlilie, Dichternarzisse, Spiräe, Vexiernelke und andere.

Ganz ähnlich verhält es sich mit den 15 Gehölzen, von denen Buchsbaum, Flieder, Hortensie, Falscher Jasmin und Jelängerjelieber ebenfalls den bäuerlichen Charakter dieses Gartens betonen, während die windverträglichen

Eschen, Ulmen und Zitterpappeln zusätzlich auch die Prägung des Gartens durch die nahe Westküste hervorheben.

Nordfriesische Inseln und Halligen

Ein Halliggarten auf Hooge

Hooge, die „Hohe", liegt mitten im Meer in 20 km Entfernung zum Festland. Nach von Holdt (1985) auch „Königin der Halligen" genannt, gilt sie als Schönste unter ihresgleichen, mit der größten Warft und dem größten Baumbestand ausgestattet. Auf der Backenswarft fand ich einen kleinen Garten, der als einziger noch in traditioneller Weise als kombinierter Zier- und Gemüsegarten angelegt war (siehe Abb. 52).

Der Hausfront entsprechend und von einem weiß lackierten Staketenzaun umgeben, erstreckt sich das rechteckige kleine, ca. 100 m^2 große Gärtchen am südwestlichen Warfthang. Ein schmaler Mittelweg führt von der Haustür ausgehend durch den Garten hindurch, unterteilt ihn je zur Hälfte in Blumen- und Gemüsegarten. Als Andeutung traditioneller Gartengestaltung krönt ein winziges Rundbeet diese schlichte kleine Anlage. Der unterste, mit Rasen abgesäte Gartenabschnitt dient als Wäschetrockenplatz.

Immerhin teilen sich 24 Arten von Blumen die wenigen Quadratmeter des Ziergartenbereiches als Lebensraum. Ein Lebensraum zudem, der – in Südwestlage, fast ohne direkten Windschutz – den Pflanzen einige Widerstandskraft gegen klimatische Unbill abverlangt.

Es sind größtenteils niedrigbleibende Blumen des traditionellen Bauerngartensortiments, wie Blaustern, Levkoje, Maiglöckchen, Mutterkraut, Ringelblume, Garten-Schwertlilie, Vergißmeinnicht, Veilchen und – zur größten Überraschung – die überaus seltene „Pflaumen-Iris" oder Grasblättrige Schwertlilie, die sich hier behauptet haben. Daneben auch höherwüchsige wie weiße Margerite, Gartenmohn, Staudensonnenblumen und Stockrose, die sich hier trotz des Windes ungestört entwickeln konnten.

Weitaus zerzauster, das Laub von heftigen Winden beschädigt, präsentieren sich die drei Bäume dieses Gartens: eine Ulme, ein Mirabellenbaum, beide seitlich angepflanzt, und eine Esche, die dem Haus Windschutz spendet. Die Arten des Nutzgartens sind mit drei Kräutern (Bohnenkraut, Dill und Petersilie), Kartoffeln, Wurzeln, Rhabarber und einem roten Johannisbeerstrauch schnell aufgezählt.

Wie gering an Größe und bescheidener Ausstattung dieser kleine Halliggarten auch sein mag, so beispielhaft wirkt er in seiner Gesamterscheinung als vollständiger Garten, der nicht nur die Forderung nach Zier- und Nutzpflanzen, Obst, Kräutern und Gemüse erfüllt, sondern sogar eine schlichte, aber mit traditionellen Elementen ausgestattete Anlage aufweist.

Von den acht bewohnten Warften konnte ich vier aufsuchen und die Gärten

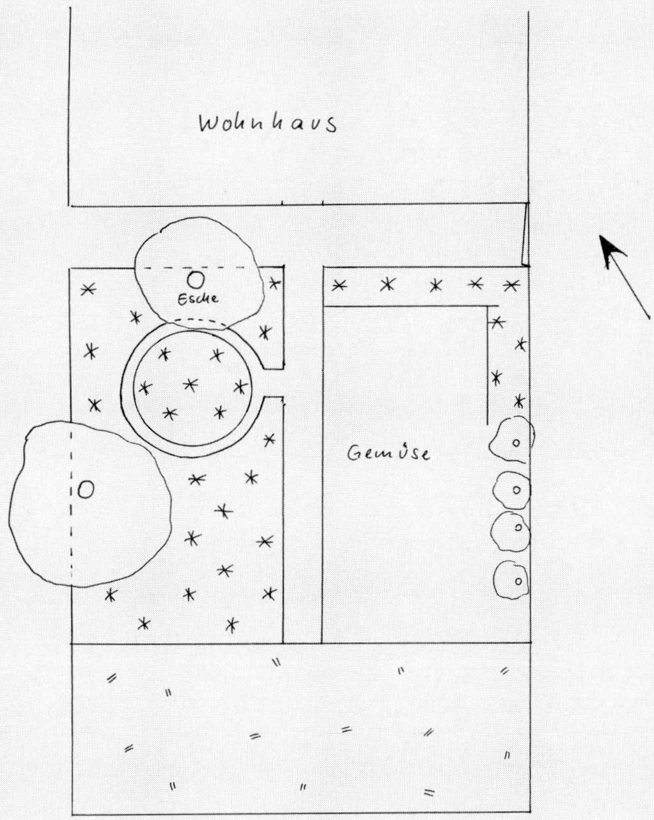

Abb. 52: Gartenplan Backenswarft auf Hallig Hooge

in Augenschein nehmen. Viele, besonders auf der Hanswarft, hier z. B. der Königspesel-Garten, haben ihre alten Strukturen verloren, weil sie nach modernen Gesichtspunkten umgestaltet worden sind. Die restlichen sind derart verkümmert, daß man, um mit Knuth zu sprechen „kaum oder gar nicht von Gärten sprechen kann" (aus „Hallig-Gärten" 1894).

Insel Föhr

Über viele Jahrhunderte waren die Föhringer ein Volk der Seefahrer. Landwirtschaft wurde im Nebenerwerb betrieben und lag nicht selten in den Händen der Frauen und Kinder (nach Degn & Muuss 1979). Nach Auflösung der alten agrargenossenschaftlichen Verfassung um 1800 wurde von der Regierung, zunächst gegen den Widerstand der Föhringer, die Landaufteilung und private Landnutzung angeordnet. Aus diesem Grunde und weil gleichzeitig die Segelschiffahrt im Rückgang begriffen war, wandten sich viele Seefahrer dem Haupterwerb der nun erfolgversprechenden Landbewirtschaftung zu.

Noch heute sind viele typische Kapitänshäuser als Zeugen der Föhringer Seefahrerzeit in den Dörfern zu entdecken. Ihre Gärten zeichnen sich im typischen Fall durch einen prächtigen Vorgarten, durch den der mit halbhohen Hecken eingefaßte Zugang zum Hause führte, und dem seitlich vom Hause befindlichen Gemüsegarten aus. Der Vollständigkeit halber gehörte zum Kapitänsanwesen ein separat liegender Obstgarten.

Heute sind die ursprünglichen Anlagen der Kapitänsgärten fast nur noch ansatzweise vorhanden, bzw. sind umgestaltet worden. Nachfolgend soll ein Garten dargestellt werden, der nicht dem oben dargestellten Typ entspricht, in dem aber noch alte Föhringer Gartenkultur sichtbar wird.

Ein Insel-Garten in Boldixum/Föhr

Ein paar von außen einsehbare, verheißungsvolle Meter eines Gartens in Boldixum vermittelten mir die Bekanntschaft mit der Perle eines Inselgartens, mit dem die Rundreise durch die Gärten der verschiedenen Landschaften Schleswig-Holsteins abgeschlossen werden soll. Es handelt sich um den Zier- und Nutzgarten eines alten, kleinen Friesenhauses aus dem Jahre 1759, der auf friesische Art an drei Seiten von einem mindestens 200-jährigen Steinwall umgeben wird. Eine hierauf gepflanzte freie Hecke aus Holunder, Ulme und Weißdorn sorgt für den nötigen Windschutz, während der Vorgartenbereich von einem zierenden, weiß lackierten Staketenzaun eingefaßt wird.

Die Zuordnung von Haus und Garten auf dem rechteckigen Grundstück ist, besonders wegen des Windschutzeffektes, denkbar günstig gewählt. Im Schutz des L-förmigen Hauses, das breitseitig die Westwinde abschirmt, liegt östlicherseits der alte und sehr schöne kleine Ziergarten von fast parkartigem Charakter. Ein schmales, kombiniertes Rosen- und Staudenbeet von gleicher Tiefe trennt diesen Bereich des Ziergartens einerseits architektonisch ab, leitet andererseits – vom gärtnerischen Standpunkt aus betrachtet – auch gleichzeitig zum sich anschließenden Blumengarten über. Dieser wird im wesentlichen von wegesäumenden Rabatten gebildet.

Abb. 53: Ziergarten mit Hortensien und Rhododendron-Rondell im Föhringer Garten

In unmittelbarer Nachbarschaft liegt die kleine Nutzgartenfläche für Gemüse und Beerenobst. Die Obstbäume, die locker verteilt auf dem übrigen, mit Rasen eingesäten Gartengelände stehen, verleihen im Einklang mit den Ulmen, Ahorn und Weißdornbäumen auch dem hinteren Gartenbereich ebenfalls etwas Parkartiges.

Im Vergleich zur alten Föhringer Flora von 1894 weist dieser Garten eine Zunahme von traditionellen Bauerngartenblumen auf. Die Kräuter Liebstöckel, Zitronenmelisse und Schnittlauch, dieser sogar als Blumenbeeteinfassung, bildeten mit den Blumen auf der Rabatte eine bunte Pflanzengemeinschaft.

Das Obstsortiment umfaßt hier acht Arten. Boskoopapfel und Quitte genießen schon Altertumswert, wenn man es dem Apfelbaum auch nicht ohne weiteres ansieht, um so mehr jedoch der Quitte, die sich nämlich, vom Sturm gedrängt, im Laufe der Zeit fast waagerecht ausgerichtet hat. Obwohl ihr mächtiger Stamm teilweise hohl ist, machte sie einen vollkommen vitalen Eindruck.

Dieser Garten ist einer derjenigen, die eine ganz bestimmte Atmosphäre verbreiten. Eine Atmosphäre des Ungestörtseins, die mit Worten nicht zu be-

Abb. 54: 200-jähriger solitärer Buchsbaum am Friesenhaus in Boldixum/Föhr

schreiben, wohl nur direkt erlebbar ist. Es sind die Bäume und Sträucher dieses Gartens, die am meisten zu seiner Ausstrahlung beitragen. Abb. 53 vermittelt einen kleinen Eindruck davon. Die Hecke ist als einrahmendes und zugleich beschützendes Element dieses Gartens zu betrachten; eine von ihr ausgehende Behaglichkeit wird noch von den hohen Bäumen, einem Ahorn und vier mächtigen, alten und gesunden (!) Ulmen betont.

Das bemerkenswerteste Fleckchen des Gartens ist wohl der kleine Ziergartenbereich. Im Schutz von Haus und Linden, im dunklen Schatten zweier älterer Eiben, ist hier ein solitärer Buchsbaum herangewachsen (siehe Abb. 54), der im Zusammenspiel mit Hortensien und Rhododendron eine zauberhafte Atmosphäre verbreitet.

Zusammenfassende Auswertung

Charakteristische Merkmale der Bauerngärten in Schleswig-Holstein

Der Streifzug durch die Entwicklungsgeschichte der bäuerlichen Gärten in Schleswig-Holstein verdeutlicht, daß unsere Bauerngärten ein Teil der abendländischen Kulturlandschaft sind, die viele Ähnlichkeiten und Gemeinsamkeiten mit den Gärten der benachbarten Länder aufweisen. Dennoch hat die vielseitige geologische Gliederung Schleswig-Holsteins im Laufe weiter Zeiträume und im Zusammenspiel mit klimatischen und historisch-kulturellen Faktoren eine abwechslungsreiche Landschaft geschaffen, in der sich nicht nur unterschiedliche Hausformen, Bräuche oder Spracheigenheiten der Menschen in vielerlei Varianten widerspiegeln, sondern auch die Vielfalt der mit den Höfen untrennbar verbundenen Gärten.

Nachfolgend sollen erkennbare gemeinsame Merkmale der traditionellen Gärten unter dem regionalen Aspekt zusammengefaßt werden.

Zur Lage: In den nördlichen Landesteilen – bevorzugt in Angeln und Nordfriesland – liegen die Gärten uneinsehbar hinter dem Hause. Die Gärten der mittleren und südlichen Landstriche wie Ostholstein, die Kreise Stormarn und Steinburg liegen dagegen bevorzugt vor oder neben dem Hause, wobei immer eine ausreichende Sonnenlage berücksichtigt wird. Die Übergänge sind fließend.

Die Umgrenzungsmöglichkeiten spiegeln die schleswig-holsteinische Landschaftsvariabilität besonders gut wider. Nur wenige Gärten haben eine ringsum gleichartige Einfriedigung. In vielen Fällen wurde sie durch Eingriffe wie Straßenbaumaßnahmen, Verkleinerungen des Gartens etc. gestört. Ein Maschendrahtzaun ist dann das gängigste Mittel der Wahl. Aber auch ohne nachträgliche Änderungen war mancher Garten von jeher heterogen umgrenzt, z.B. mit einer geschnittenen, zierenden Hecke im Vorgartenbereich (siehe Abb. 42) und einem rückseitigen Knick, der den Garten von den übrigen landwirtschaftlichen Flächen trennte.

Der Knick ist ein typisches Landschaftselement der Alt- und Jungmoränen und kann dort als die wohl ursprünglichste Art der Garteneinfassung überall, jedoch schwerpunktmäßig in Angeln, beobachtet werden, meist freiwachsend, seltener heckenmäßig beschnitten. Der Anteil der Knicks liegt bei 19 %.

In etwa $^4/_5$ aller Gärten wurde eine meist einartige, beschnittene Hecke dem bunten Knick vorgezogen. Die beliebteste Gehölzart ist der Weißdorn, der in allen Regionen und gehäuft in den Elbmarschen anzutreffen ist. Entsprechend ihrer Häufigkeit folgen Liguster, Buche und Schneebeere, die sich als anspruchsloses Gewächs insbesondere auf den Halligen bewährt hat, schließlich Hainbuche, Teebusch (Angeln und Schleswiger Geest) sowie vereinzelt auch Feldulme, Linde und andere. Nicht selten findet man auch Johannisbeer-

Abb. 55: Staketentür aus alter Zeit

büsche als Gartenbegrenzung; und Favoritin der jüngsten Heckenmode scheint die Blut-Berberitze zu sein.

In 58 % der untersuchten Gärten, wobei das Marschengebiet des Festlandes so gut wie ausgenommen ist, gibt es Zäune, überwiegend Maschendrahtzäune, die zum Teil zur Verschönerung mit Blumen bepflanzt sind. Nur zu einem Drittel bestehen die Abzäunungen aus Holzmaterial, wobei – je zur Hälfte – moderne Holzzäune von der älteren Form des Staketenzaunes zu unterscheiden sind. Auf dem Festland sind die Staketenzäune rar geworden. Als Überbleibsel sind nur die alten Staketentüren noch häufiger zu entdecken (siehe Abb. 55). Auf den Nordfriesischen Inseln und Halligen sind jedoch Staketenzäune noch weit verbreitet: weißlackiert, ein Markenzeichen der Friesengärten von hohem Schmuckwert (Abb. 56).

Eine weitere Umgrenzungsmöglichkeit, sich wie die Knicks auf historischen Wurzeln gründend, sind die Feldsteinwälle, die aus Lesesteinen lose aufgeschichtet und nur innen und kronenseitig mit Erde verfüllt worden sind. Diese Art der Einfriedigung ist heute noch typisch für die Insel Fehmarn, die Geestkerninseln Nordfrieslands (Abb. 57) und auch für alte Gehöfte und Katen, besonders in Lauenburg. Gerade hier hat die moderne Variante, nämlich eine mit Mörtel verfestigte Mauer, eine stärkere Verbreitung als anderswo gefunden.

Abb. 56: Hallig Hooge: Kirchwarft mit weißlackiertem Staketenzaun

Abb. 57: Friesische Garteneinfriedigung mit Fliederbeer-Weißdorngebüsch auf einem mindestens 200 Jahre alten Steinwall

Eine sehr spezifische Garteneinfassung hat sich in den küstennahen Dörfern der Probstei herausgebildet. Hier sieht man vielerorts Gartenmauern, die nicht, wie es den Anschein hat, aus Beton bestehen, sondern aus einer Seesand-Mörtelmischung aufgesetzt wurden.

Eine letzte, auch landschaftsgebundene Art der Umgrenzung wird von den Marschengärten präsentiert. Hier übernehmen die Graften in zweiter Funktion auch die Bildung der Gartengrenze. Die Bepflanzung des Ufers mit windschutzspendenden Bäumen verdeutlicht nicht nur die Grenzziehung, sondern trägt auch – doppelt effektiv – zur Landschaftsgestaltung in einer normalerweise baumarmen Kulturlandschaft bei. Indes hat es auch hier durch Entwässerungsarbeiten Wasserstandssenkungen gegeben, so daß viele nutzlos gewordene Graften zugeschüttet wurden. Abb. 58 gibt hiervon ein beredtes Beispiel.

Die Gliederung – und damit Einteilung und Anlage – des Gartens steht in Beziehung zu seiner Größe, die ihrerseits von der Größe des Besitztums abhängt. Die Größe des Hofes wiederum richtet sich sowohl nach der Bodenqualität der jeweiligen Region wie auch nach den historischen Gegebenheiten, denen die Landschaft unterworfen war. Daraus abgeleitet ist sie in direkter Weise von dem damaligen Status des ehemaligen Besitzers abhängig. Je geringer die Einkommensverhältnisse, desto schlichter und kleiner fiel der Garten aus.

Abb. 58: Alte Brücke, die früher den Gartenzugang über die Graft ermöglichte (Kollmar-Marsch)

In der Reihenfolge

1. reiner Nutzgarten,
2. verzierter und mit Obstbäumen kombinierter Nutzgarten,
3. Zier- und Nutzgarten mit oder ohne separaten Apfelgarten und
4. Park und Nutzgarten mit oder ohne separaten Apfelgarten

gab und gibt es fast alle Übergänge und Gliederungsmöglichkeiten.

Der reine Nutzgarten (1) gehört allerdings längst der Vergangenheit an.

Auch die zweite, schlichte Gartenform (2) kommt sehr selten vor. Die Weiterentwicklung (3) dieses Gartentyps, in dem der Ziergartenbereich deutlich vom Nutzgarten abgesetzt ist, hat mit annähernd 70 % die meiste Verbreitung gefunden (hierzu vergleiche auch Seite 12 und Seite 142).

Der separate Apfelgarten, einst maßgebendes Indiz für einen gewissen Reichtum, gehört in 30 % der untersuchten Fälle zum bäuerlichen Anwesen dazu.

Nur selten ist ein bäuerlicher Ziergarten so ausgestaltet, daß man von einem Park sprechen könnte, wie z. B. beim Hochdorfer Garten (Eiderstedt). Insbesondere Marschengärten zeigen zumindest Anklänge an eine parkähnliche Gestaltung (4).

Im Gegensatz zu anderen deutschen Ländern (z.B. Hessen) werden die Gärten in Schleswig-Holstein nicht deutlich vom Haus abgesetzt. Das Haus, zumindest aber der Wohnbereich, ist hier direkt vom Garten umgeben. Bei Einzellage der Höfe oder Katen ist die Grundform des Gartens meist rechteckig, seltener quadratisch gewählt. In diese Grundform wird das Haus nun einbezogen, so daß die eigentliche Gartenform nicht selten L- oder U-förmig wird. In Ortslage bestimmen noch andere Faktoren, wie Straße und Grenzverläufe, auch die Enge auf „Siedlungsinseln", wie z. B. auf den Halligen, die äußere Form. Die oben dargestellten Gartenpläne belegen dies deutlich.

Die Bedeutung der Wege für einen Garten geht weit über deren eigentliche Funktion hinaus. Ihr Verlauf bestimmt die innere Gartenstruktur, die sich innerhalb der Bauerngartenentwicklung – mit Ausnahme der Englischen Gartenepoche – nie grundlegend verändert hat (vergleiche Seite 20 und 37), und fördert ein bestimmtes Ordnungsschema, das von Symmetrie und Geometrie geprägt ist.

Dieses ordnende Prinzip der Wege wird seit Jahrhunderten dadurch verstärkt, daß die Wege mit einem Belag versehen und dadurch optisch betont werden. Das früher übliche Bestreuen mit Kies oder Sand zu Pfingsten ist in Schleswig-Holstein selten geworden, da es zeit- und arbeitsaufwendig ist (siehe Abb. 59).

Mit derselben Erklärung begründen Landfrauen auch die überall zu beobachtende Auflösung der alten Gemüsebeet-Steiganordnung. Das Gemüse wird heutzutage in Reihenkultur angebaut. Die typischen schmalen Gemüsebeete existieren fast nirgends mehr.

Eine zusätzliche Einfassung mit Buchsbaum oder anderen Pflanzen und darüber hinaus eine wegebegleitende Blumenrabatte verleihen dem Weg ein

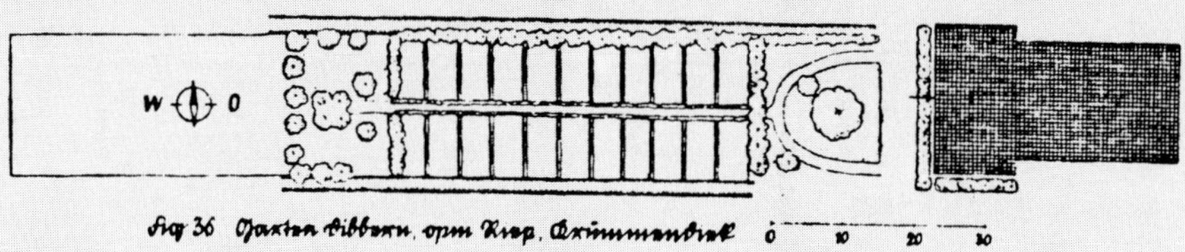

Abb. 60: Klassischer Bauerngartentyp von Schleswig-Holstein

noch stärkeres Gewicht in seiner gestalterischen Funktion. In Schleswig-Holstein hat sich die Mittelachse zu einem bestimmenden Element der Bauerngärten entwickelt. Der meist auf die Hausarchitektur bezogene einfache Mittelweg, der das Gartenland in zwei Hälften teilt, prägt hier die allgemeine Gartengestaltung weitaus häufiger als das „Geviert" mit Wegekreuz. Mit wenigen Ausnahmen läßt sich dieser Eindruck anhand der vorliegenden Gartenpläne bestätigen.

An dieser Stelle soll meine in der Einleitung angesprochene Kritik am scheinbar „allgemeingültigen" Plan für „den typischen deutschen Bauerngarten" (die Vierteilung des Gartens durch Wegekreuz), wie ihn die oben angegebenen Autoren übereinstimmend propagiert und fast identisch abgebildet haben, noch ergänzt werden: Zwar gab und gibt es solche Gartenanlagen, die auf dem historischen Vorbild der Kloster- bzw. der Holländischen Gärten basieren, auch bei uns. Nur sollten wir uns dadurch nicht verleiten lassen, in diesem Anlagemuster den Repräsentanten des typischen schleswig-holsteinischen Bauerngartens zu sehen, da dies nur eine (sogar seltene!) Variante unter vielen real existierenden ist.

Untersuchungen in Westfalen (Sternschulte 1985) und Nordhessen (Hoppe und Walter 1988) führten da interessanterweise zu anderen Ergebnissen.

In Schleswig-Holstein hat sich unter den vielfältigen Gartenanlagen vielmehr – wie eben beschrieben – der vom Mittelweg geprägte Typ 3 (Zier- und Nutzgarten mit oder ohne separaten Apfelgarten, Abb. 60) herauskristallisiert, dem man – mit leichten Abänderungen – immer wieder in allen Landesteilen begegnet. Er ist charakteristisch für Katen und kleinere Höfe und ist deshalb als klassische Bauerngartenform für Schleswig-Holstein zu betrachten (vgl. auch Seite 50).

Abb. 59: Mit Kies bestreuter Mittelweg eines Lauenburgischen Gemüsegartens

Schmuckelemente: Die traditionelle Einfassung von Beeten und Wegen mit Buchsbaum oder anderen geeigneten Pflanzen wie Immergrün, Aurikeln oder Federnelken, war in den letzten Jahrzehnten im Rückgang begriffen, scheint aber seit kurzem – dank einer verstärkten Rückbesinnung auf bäuerliche Gartenkultur wieder aktuell zu werden. Erfreulicherweise ist häufig zu beobachten, daß alte, verwilderte Buchsbaumhecken wieder in Pflege genommen und daß Neuanpflanzungen, vor allem im Lauenburger Raum, gemacht wurden.

Durch eine zusätzliche Blumenrabatte läßt sich die Schmuckwirkung einer Wegeinfassung erheblich vergrößern. Dies ist auch heute noch ein sehr beliebtes Mittel, den Gemüsegarten farblich zu verschönern (siehe Abb. 25).

Die geometrisch geformten Schmuckbeete mit ihrer weit in die Zeit der Holländischen Gärten zurückreichenden Tradition sind heute nur noch selten zu finden. Ihrer barocken Herkunft entsprechend sind sie im typischen Fall von Buchs umsäumt. Die wohl bekannteste Form, das Rondell oder niederdeutsch Rondeel, war bis in die 50er Jahre hinein beispielsweise noch in Lauenburg und Angeln stärker verbreitet. Inzwischen lassen sie sich dort nur noch vereinzelt, ebenso wie auch in Lauenburg, auf Föhr, im Störtal, Dithmarschen und anderswo finden.

Daneben sind auch andere barocke Beetformen erhalten, die dreieckig, oval oder anders gestaltet sind und in vielfältiger Weise in Lauenburg Verbreitung fanden. Von hier ausgehend sind diese phantasievollen Beetformen auch in den Vierlanden, vereinzelt in den Elbmarschen und nach Gröll (1988) auch südlich der Elbe, in der nördlichen Lüneburger Heide, verbreitet.

Einer weiteren Art der Schmuckbeete, dem sogenannten Teppichbeet, charakteristisches Stilelement des 19. Jahrhunderts, bin ich nur einmal, nämlich in der Probstei, begegnet (siehe Abb. 28).

Lauben aus geschnittenen Gehölzen gab es bis in die 50er Jahre reichlich. Heute haben sie Seltenheitswert, denn Zeitgeschehen und ein großer Pflegeaufwand förderten ihren drastischen Rückgang. Von den verbliebenen sind nur noch wenige in einem guten Zustand, manche der im Laufe der Zeit völlig verwachsenen Lauben wurden inzwischen saniert. Es gibt offene und geschlossene Lauben. Eine dritte Variante besteht aus einer oben offenen Laube, die von der Baumkrone einer weiteren Baumart überdacht wird. In der Probstei ist heute noch eine derart prächtige Laube zu bewundern (siehe Seite 91). Bevorzugte Gehölzart für Lauben ist die Linde, gefolgt von Fliederstrauch und Liguster.

Die Erfassungsarbeit förderte auch zwei erhaltene Laubengänge in Lauenburg zutage. Der in Abb. 61 dargestellte Laubengang von Nusse soll nach mündlicher Überlieferung von einem französischen Kriegsgefangenen in der napoleonischen Zeit im Pastoratsgarten von Nusse angelegt worden sein.

Lauben und Laubengänge entstammen beide derselben Epoche, in der die Scherkunst in Schleswig-Holstein noch in hohen Ehren stand: die Zeit der französisch-holländischen Gartenkunst.

Lindenschirme runden das traditionelle Erbe der Holländischen Garten-

Abb. 61: Original erhaltener Laubengang in Nusse/Lauenburg

kunst ab. Gemeint sind die gestutzten Linden, die seinerzeit zunächst wohl nur die Häuser der Westküste zierten, seit etwa 100 Jahren aber ebenso die Gebäude binnenländischer Bauernhäuser schmücken. Es ist ein wenig umstritten, ob sich ihre Bedeutung auf die vielfach zitierte Windschutzwirkung beschränkt. Ursprünglich wurden sie breit-kastenförmig gestutzt und daher auch „Kastenlinden" genannt. So ist ein guter Windschutz durchaus denkbar. Die Bepflanzung der beiden Parterres I und II im Hochdorfer Garten (siehe Abb. 62) stützt allerdings die These, daß neben dem Windschutz eine Zierwirkung durchaus beabsichtigt ist.

An fast allen Bauernhäusern der Marsch stehen heute noch Lindenreihen; aber die typische, traditionelle Kastenlindenform, die sich nur mit viel Arbeitsaufwand und unter Schwierigkeiten erhalten läßt, ist in Schleswig-Holstein nur sehr selten noch zu finden. Vielmehr zeugt das heutige Erscheinungsbild der Linden (siehe Abb. 63), die im allgemeinen regelmäßig und radikal gestutzt werden, ohne daß auf Formschnitt geachtet wird, von einer Trendwende, die sehr wahrscheinlich weniger mit einer neuen Geschmacksrichtung als mit einer notwendigen Arbeitsersparnis zu tun hat.

Den Abschluß der Betrachtung schmückender Gartenelemente der Bauerngärten soll das sogenannte Grottenbeet bilden, das von seinen mystisch umwobenen Anfängen in der Antike bis zur heutigen Erscheinungsform einen gewaltigen Form- und Bedeutungswandel durchlaufen hat. Seine Fortentwicklung aus den Grottenbauten herrschaftlicher Gärten der französischen

Abb. 62: Lindenparterre im Hochdorfer Garten

Abb. 63: Lindenschmuck vor einem Bauernhaus in der Kollmar-Marsch

Abb. 64: Vorgartengestaltung auf traditionelle Lauenburgische Art mit Grottenbeet im Hintergrund

wie der englischen Gartenepoche, denen noch immer eine weihevolle Funktion zugedacht war, geschah in den Bauerngärten Schleswig-Holsteins ganz lebensnah nach praktischen Gesichtspunkten: Erster Schritt war die Umrüstung zur „Grottenlaube", wie man sie in Jersbek (Stormarn) noch zu Gesicht bekommen kann.

Hierfür baute man eine halbhohe Feldsteinmauer im Halbrund auf, in der es sich zunächst gut sitzen und plaudern ließ, besonders, wenn sie zusätzlich mit Sträuchern umpflanzt war. Ein wenig unmodern geworden – vielleicht doch ein wenig ungemütlich? – machte man das Beste daraus, indem man das Kunstwerk teilweise einebnete, mit Erde verfugte und fertig war das Grottenbeet (siehe Abb. 64)!

Diese Verwandlung muß sich in den ersten 20 Jahren unseres Jahrhunderts vollzogen haben, zu einer Zeit, als Steingärten allmählich in Mode kamen. Das Grottenbeet beherbergt heute nämlich überwiegend Steingartenpflanzen. Unter der Bezeichnung „Grottenbeet" kann man im Lande noch mehrfach Steingartenanlagen begegnen.

Das Innenleben des Gartens – eine neue Bauerngartenflora für SchleswigHolstein

Obwohl es sehr vergnüglich sein kann, Gartenpläne zu studieren – es läßt sich darin lesen, wie in einem Buch – liegt der Schwerpunkt jeder Gartenbetrachtung natürlich in seiner Pflanzenwelt begründet. Erst im rechten Zusammenspiel von Pflanzen und Gestaltung erreicht ein Garten jene Ausstrahlungskraft, die mit den Worten Idylle, Schönheit, Ordnung und Nutzen nur unzureichend erfaßt werden kann.

Es wurde schon in der Einleitung vermerkt, daß die während der Erfassungstätigkeit gesammelten arteninventarischen Erkenntnisse in eine neue Bauerngartenflora für Schleswig-Holstein umgemünzt worden sind. Alle in den Gärten erfaßten Arten und Sorten, die ein Mindestvorkommen von 10 % erreicht hatten, werden ihrer Häufigkeit und dem vorgesehenen Zuordnungskriterien entsprechend im Anhang dieses Buches aufgelistet.

Die dadurch entstandene Reihenfolge drückt zugleich den Beliebtheitsgrad der jeweiligen Art aus, der besonders im Hinblick auf den Status, den sie einnimmt, nämlich ob als traditionelle oder als neu hinzugekommene Bauerngartenpflanze, interessant ist. Die Richtlinie, was als neu oder als traditionell zu bewerten ist, wird von der alten Flora nach Eschenburg und von Fischer-Benzon (1891/93) und Knuth (1892) bestimmt. Innerhalb der Neuen Bauerngartenflora wurden die betreffenden Arten gesondert gekennzeichnet.

Abschließend ist anzumerken, daß die Florenlisten keinesfalls dem Anspruch auf Vollständigkeit gerecht werden können.

Vielschichtige Veränderungen in den letzten 100 Jahren machten nicht nur eine Revision des Arteninventars, sondern aufgrund ihres partiellen Bedeutungswandels auch eine Neuzuordnung der Pflanzen innerhalb der Kategorien 1. Blumen, 2. Kräuter, 3. Gemüse, 4. Obst, 5. Bäume, Sträucher und Farne erforderlich.

Die deutlichste Veränderung erkennt man in der explosionsartig angestiegenen Sortenvielfalt.

Hiervon sind mit Ausnahme der Kräuter alle Pflanzengruppen betroffen. Die Erfassung der Sorten wird durch die nicht in jedem Fall genügend differenzierten Sortenkenntnisse erschwert. Unter dem Aspekt der Sortenbestimmung sind Tulpen, Narzissen, Rhododendren, Koniferen, neue Rosen und andere Ziersträucher sowie Obstarten besonders problematische Gruppen gewesen. So wurden die Listen daher etwas heterogen, teils aus Sorten, teils nur aus Arten zusammengestellt.

Der Umgang mit Pflanzennamen ist, wenn er sich nicht gerade auf wissenschaftlicher Ebene abspielt, heutzutage ein heikles Thema. Hauptgrund ist, daß hochdeutsche und mehr noch umgangssprachliche Namen regional wechseln, auch mehrfach verwendet werden, und eine botanische Zuordnung der

Namen meist nicht gegeben ist. Die heute gängige Praxis des Pflanzenmarktes, ihre Produkte fast ausschließlich unter ihrem lateinischen Gattungsnamen zu verkaufen, muß als sehr zweifelhafte Methode gelten, da sie Art-, Sorten- und deutsche Namen außer acht läßt! Schon aufgrund ihrer heutigen Benennung läßt sich häufig auf den Status einer Pflanze – ob neu oder alt – schließen.

Andererseits führen die lateinischen, englischen oder französischen Namen im deutschen Sprachverständnis auch vielfach zu ungewollten, aber manchmal recht vergnüglichen Verballhornungen, wie z. B. die Birnensorte „Cuisse Madame", die mir als „Quietschmadam" vorgestellt wurde.

Um Verwechslungen vorzubeugen, wurden von mir bewußt die hochdeutschen Namen gewählt, die in den Listen der Neuen Bauerngartenflora noch durch mundartliche Bezeichnungen und durch die lateinische Nomenklatur ergänzt wurden.

Bei einigen Pflanzen ist, aus welchen Gründen auch immer, eine Namensänderung eingetreten. Hierzu zwei Beispiele: So ist im Laufe unseres Jahrhunderts der alte Name Georgine im Austausch gegen den Namen Dahlie – abgeleitet von Dahlia variabilis – sang- und klanglos verschwunden.

Eine weitere Namensänderung dürfte auf einem Irrtum beruhen. Wer ahnt schon, daß unsere betörend duftenden Wicken gar keine Wicken sind? Unsere Vorfahren wußten damit etwas besser Bescheid. Sie sprachen von „Rückarfen" (Riecherbsen) oder „Bukettarfen", wenn es um das Pflücken eines duftenden Straußes ging. Botanisch gesehen sind unsere Wicken (Latyrus odoratus) Wohlriechende Platterbsen. Die fälschliche Bezeichnung „Wicke" wird von der benachbarten Gattung Vicia abgeleitet.

Wie oben schon angedeutet, muß bei der vergleichenden Zuordnung der Pflanzen gemäß ihrer Nutzung in Haus und Garten berücksichtigt werden, daß nämlich viele Pflanzen im Laufe der Zeit einen Bedeutungswandel durchgemacht haben. Hiervon sind hauptsächlich ehemalige Nutzpflanzen (siehe auch Seite 157) betroffen, wie z. B. der Echte Alant, der noch vor 100 Jahren zwecks Mückenvertreibung zum Räuchern gebraucht wurde. Heute steht er im Rang einer selten gewordenen Zierpflanze.

Ziergehölze (Bäume, Sträucher) und Farne

Die Bäume und Sträucher spielen einen gewichtigen Part im Innenleben des Gartens: als Spender von Windschutz und Behaglichkeit – ein Wort, dessen Stamm ja tatsächlich aus „Hag" (für Hecke) gebildet wird – als lebende Umgrenzung und schließlich als Spender von Obst und Blütenpracht.

Betrachten wir zunächst die Ziergehölze. Hier ergab die Auswertung der Bestandsaufnahmen, daß sich das Sortiment der Bäume, Sträucher und Farne innerhalb von 100 Jahren um das drei- bis vierfache erweitert hat. Bezeichnender- und erfreulicherweise wird die Reihenfolge vom Fliederstrauch angeführt, einer der ersten blütenprächtigen Ziersträucher, die im 16. Jahrhundert nach Schleswig-Holstein gelangten. Ihm schließt sich die Forsythie an, gefolgt von Buchsbaum (Gewöhnlicher Buchs und Zwergbuchs), Polyantharose, Eibe, Garten-Hortensie, Rhododendron, Blut-Johannisbeere, Edelrose, Falschem Jasmin und anderen.

Diese Auflistung der ersten zehn Arten entwirft meines Erachtens bereits ein charakteristisches „Bild im Kleinen" vom traditionell geprägten Bauerngarten der heutigen Zeit: Altes gepaart mit Neuem, das seine Bewährungsprobe in Hinsicht auf „Pflegeleichtigkeit" bestanden hat. Dieses läßt sich von der Forsythie, bei Edel- und Polyantharose, hier selbstverständlich nur unter Berücksichtigung der Sortenwahl, sicherlich bestätigen.

Im Wechselspiel der Gartenmode haben naturgemäß auch einige Arten aus der alten Flora in der neuen keinen Bestand mehr, weil sie heute keine 10 %ige Stetigkeit mehr erreichen. Dieses sind z. B. Bergahorn, Prächtige und Zimthimbeere, Damaszener- und Mai- oder Zimtröschen sowie der Königsfarn. Farne spielen in den Gärten überhaupt nur eine untergeordnete Rolle. Die am häufigsten auftretende Art ist der Wurmfarn. Er wurde von der Heiligen Hildegard unter anderem als Mittel zur Bannung böser Geister und des Teufels gerühmt und bis in die jüngste Vergangenheit als Wurmmittel genutzt.

Abb. 65: Die Apotheker-Rose als Zierde eines Gartenzauns in Mannhagen/ Lauenburg

Eine besonders robuste Polyantharose, die sich gerade in Bauerngärten verdient gemacht hat, ist die Sorte Rödhätte. Sie stammt aus dem Jahr 1910 und ist eine der ältesten Polyantharosen des dänischen Züchters Poulsen. Ihre hübschen kugelrunden und kirschroten Blüten erscheinen bis in den Frost hinein.

Die Gruppe der Alten Rosen ist im Bauerngarten locker gestreut und wohl noch vertreten, aber durch die neuen Sorten, besonders auch in ihrer allgemeinen Wertschätzung, stark zurückgedrängt worden. Zentifolie, Weiße und Rote (Gallische) Rose, Pimpinell-, Zimt-, Bourbon- und Damaszener-Rose waren in dieser Reihenfolge ihrer Häufigkeit entsprechend zu notieren.

Selten nehmen sie einen solchen Ehrenplatz ein wie in Abb. 65, der ihre Schönheit erst zur vollen Geltung bringt. Häufiger sieht man sie – in kümmerlichem Zustand – wie eine moderne Rose jährlich zurückgeschnitten und dadurch ihrer Möglichkeit beraubt, überhaupt zu blühen. Es ist ein Trend zu beobachten, daß alte Sorten wieder neu angepflanzt werden.

Die Hausbäume nehmen einen Sonderstatus unter den Gehölzen des bäuerlichen Gartens ein, der in seinem Solitärstandort in Hausnähe und auch in der Artenauswahl gegründet ist. In den Gärten der kleineren Höfe und Katen vom Typ des verzierten Nutzgartens sind meistens Obstbäume, bevorzugt Äpfel und Birnen (siehe Abb. 66) anzutreffen, seltener Edelkastanien oder Mirabellen (Westküste).

Anders sieht es aus, wenn abgetrennt vom Nutzgarten ein Zierbereich oder ein Vorgarten vorhanden ist. Dann werden zur Repräsentation verständlicherweise lieber Ziergehölze verwendet, wie Roßkastanie, Blutbuche, diverse Eichen (Stiel-, Amerikanische- und Pyramideneiche), seltener Trauer-Eschen und schließlich solche Kostbarkeiten, die in den reichen Marschengärten aufzuspüren sind, wie die Gelbe Pavie, die Eibe (siehe Abb. 67) und der gigantische Tulpenbaum, den beispielsweise der Großbauer Reimers aus Eltersdorf in der Kremper Marsch 1868 aus Nordamerika mit in die alte Heimat brachte.

Die Artenzahl, deren Durchschnittswert bei 28 liegt, steigt bei zunehmender Gartengröße und gleichzeitiger Anlage eines separaten Ziergartens, insbesondere in den Marschengärten, erwartungsgemäß an. Außerdem läßt sich anhand der Zahlen zeigen, daß der Klimafaktor Westwind reduzierend wirkt. In den Insel- und Halliggärten werden durchschnittlich nur 16 Baumarten gefunden.

Abbildungen auf Seite 152:
Abb. 66: Alter Bauerngarten in Selent mit Hausbaum (Birnbaum) und Rondell
Abb. 67: Ein Stördorfer Garten mit Eibe

Obst

Nach wie vor ist der Apfel der wichtigste Obstlieferant unserer Gärten. Das Wisssen um seine gesundheitliche Bedeutung und seine vielfältigen Verwendungsmöglichkeiten führten in den vergangenen zwei Jahrhunderten zu einer regelrechten Sortenexplosion, die wohl im 19. Jahrhundert ihren Höhepunkt erreichte. Besonders Lehrer und Pastoren galten in dieser Zeit als besonders apfelkundig. Die Kunst des Züchtens und Veredelns lag vielfach in ihren Händen (vergleiche Hirsch 1894 und Kuntze 1872).

Einer von den „Apfelpfarrern" alter Schule war der bayerische Pfarrer Korbinian Aigner (1885–1966), einer der besten Sortenkenner in Deutschland. Sein Vermächtnis besteht aus einer Sammlung von 1000 selbstgemalten Apfel- und Birnensorten, die 1986 in Willi Vottelers „Verzeichnis der Apfel- und Birnensorten" veröffentlicht wurden.

Die schleswig-holsteinische Sortenvielfalt ist mit Sicherheit nicht gering gewesen. Klein aber ist heute die Zahl der Sortenkenner im Lande. Die Tatsache, daß es sich oft um ältere Menschen handelt, die diese Kunst und die dazugehörige Sortenkenntnis bereits in ihrer Jugendzeit erworben haben, stimmt – mit Blick auf die Zukunft – nicht gerade ermutigend. Von dem ältesten (Jahrgang 1906!), noch immer tätigen Apfelkenner Lauenburgs war zu erfahren, daß allein in Stormarn und Lauenburg weit mehr als 300 Apfelsorten existieren sollen. Dieses Wissen war mir eine gewisse Beruhigung, wenn es um die Bestandsaufnahmen von Apfelsorten ging, die selbst den Eigentümern nicht mehr bekannt waren. Nicht einmal mehr zur Hälfte konnten die vorgefundenen Apfelsorten (mindestens 70) namentlich identifiziert werden. Weil in der Öffentlichkeit nur wenig darüber bekannt ist, möchte ich hier – in der Reihenfolge ihres Beliebtheitsgrades und in Anlehnung an Votteler – kurz auf die heute noch bekannten Sorten eingehen (Tabelle S.154).

In Anbetracht der Tatsache, daß die hier erfaßten Gärten ja nur einen kleinen Bruchteil der insgesamt vorhandenen ausmachen, liegt die Vermutung nahe, daß in den schleswig-holsteinischen Gärten noch ein erhebliches Sortenpotential schlummert, nur – wie lange noch?

Daß es mit den Apfelgärten nicht mehr zum besten steht, ist wiederholt angeklungen. Wenn auch, wie Gröll (1988) bemerkt, das Interesse an alten Obstsorten steigend ist, so scheint sich dies eher in Liebhaberkreisen als auf der gewerblichen Ebene abzuspielen. Besitzer ehemals florierender Obsthöfe an der Westküste vermittelten ein düsteres Bild vom Kaufverhalten der heutigen, durch EG-Normen verwöhnten Verbraucher: Hier wird konsequent verschmäht, was als Sorte unbekannt und unsortiert auf den Markt gebracht wird. Ein im Grunde völlig unverständliches Kaufverhalten, denn jede Sorte birgt natürlich ihre eigenen Qualitäten in bezug auf Lagerfähigkeit, Verwendungsmöglichkeit und schließlich auch auf den so wichtigen Geschmack. Mit dem Verlust alter Sorten berauben wir uns selbst der schönsten Köstlichkeiten „aus Garten, Küche und Keller". Das wird jeder Apfelkenner und -genießer bestätigen können.

Auswahl noch bekannter Apfelsorten

1. Schöner von Boskoop – 1856 in Boskoop/Holland entstanden
2. Holsteiner Cox' Organgenrenette – um 1900 in Eutin als Sämling von Cox' Orangenrenette entstanden
3. Klarapfel (Weißer Klarapfel) – stammt aus Livland oder Lettland – seit 1850 verbreitet
4. Cox' Orangenrenette – 1830 in der Nähe von London entstanden
5. Herbstprinz (Finkenwerder Prinzenapfel) – Lokalsorte von der Niederelbe
6. Roter Boskoop – 1923 als Knospenmutation entstanden aus dem Schönen von Boskoop
7. Purpurroter Cousinot – sehr alte deutsche Sorte
8. Ingrid Marie – 1910 als Sämling der Cox' Orangenrenette auf Fünen entstanden
9. Martini – in Holstein entstanden
10. „Streifling" (früh)
11. Zitronenapfel
12. Angeliter Röv – großfruchtige Angeliter Lokalsorte
13. Altenländer Pfannkuchenapfel – vor 1840 aus dem Alten Land stammend
14. Gravensteiner – alte Sorte, aus der Gegend von Gravenstein stammend, wurde schon im 18. Jahrhundert beschrieben
15. Jakob Lebel – 1825 in Frankreich entstanden
16. James Grieve – um 1880 in Schottland entstanden
17. Ontario – 1820 in Kanada entstanden, seit 1882 in Europa verbreitet
18. Taffetapfel
19. Wohlschmecker – Lokalsorte in Lauenburg und Stormarn
20. Filippas Apfel – 1877 auf Fünen entstanden
21. Gelber Richard (Eutiner Gelber Richard) – alte Sorte aus Norddeutschland
22. Goldparmäne
23. Druvappel – Kleiner Herrenapfel, Traubenapfel – wendischen Ursprungs? (vgl. Hirsch 1894)
24. „Streifling" (spät)
25. Stina Lohmann – um 1800 in Kellinghusen/Holstein entstanden
26. Kasseler Goldrenette
27. Krügers Dickstiel (Waltmann Renette)
28. Wilstedter Apfel – Lokalsorte in Wilstedter Gegend (südliches Holstein)
29. Föhrer Weinsaurer – Föhringer Lokalsorte
30. Behnke-Bauernapfel – Lokalsorte Störtal?
31. Fontaria
32. Jakobsapfel
33. Johann-Suhr-Apfel – Wittenseer Lokalsorte?
34. Kaiserlicher Tafelapfel

Der hohe Anteil heimischer Sorten in der Liste beweist, daß es sich um altbewährte Sorten handelt, die den hiesigen klimatischen Verhältnissen bestens angepaßt sind. Hieraus resultiert im allgemeinen eine höhere Unempfindlichkeit tierischen und pflanzlichen Schädlingen gegenüber. Ein wichtiger Gesichtspunkt, nicht nur unter dem Aspekt von Ökonomie und Pflanzenschutz, sondern auch, weil sich auf diese Weise die biologische Qualität des Nahrungsmittels Apfel beträchtlich steigern läßt.

Zum Abschluß des „Apfelthemas“ soll der Mecklenburger G. Rauschenbach zu Wort kommen, der nämlich eine eigene Theorie über die Schuld am Schwund alter Apfelsorten entwickelt hat:

Der Gravensteiner

So stolz wie Bruder Gravensteiner
war wohl der andern Äpfel keiner.
Wie lag er da, gesund und frisch,
als König auf dem Gartentisch.
„Ich bin fürwahr zu gut zum Essen“,
sprach dieser Apfel ganz vermessen
und sprang vom Tisch gleich unter eine Hecke,
verbarg sich in ’ner dunklen Ecke,
so daß der Gärtner ihn nicht fand.

Indessen kam manch Wurm gekrochen,
der unsern Apfel hat gerochen.
Ein dicker Käfer lief herbei,
der sprach: „Ich bin so frei.“
Er packte zu mit einer Kiefernzange,
so dauert’ es auch gar nicht lange,
und es war aus mit dieses Gravensteiner Pracht.

Man sagte nur: so geht es denen,
die sich viel besser als die andern wähnen.

Die Zusammensetzung der Obstarten hat sich im Zeitraum der letzten 100 Jahre weniger verändert als ihr Sortenspektrum. Die einzige Neuigkeit, die sich allmählich einzubürgern beginnt, dürfte die Jostabeere (Ribes x nidigrolaria R. et A. Bauer) sein, eine interessante Kreuzung aus Schwarzer Johannisbeere und Stachelbeere, in der die charakteristischen Fruchteigenschaften beider Elternteile gut vereinigt worden sind.

Alles übrige an Arten ist hinreichend bekannt und wird in der Florenliste dargestellt. Die 97 gezählten Obstarten und -sorten spalten sich neben den schon abgehandelten Äpfeln auf in 16 Sorten Birnen, 9 Sorten Pflaumen (auch zwetschen- und mirabellenähnliche), 2 Brombeerarten, zahlreiche Erdbeersorten, ergänzt durch Walderdbeere, Him- und Fliederbeeren (Holunderbeeren), Süß- und Sauerkirschen, Stachelbeeren und Johannisbeeren in jeweils mehreren Sorten, in Apfel- und Birnenquitten, den nach wie vor beliebten Rhabarber, die Weinrebe als Krönung des Beerenobstes und schließlich die Nußgehölze Hasel, Walnuß und Marone, die insgesamt selten anzutreffen sind.
Zur Verbreitung ist anzumerken, daß

1. die allgemein üblichen Arten mehr oder weniger gleichmäßig im Lande verteilt sind, daß jedoch ihre Lokalsorten (z. B. die „Angeliter Röv", eine großfrüchtige, in der Form rübenähnliche Apfelsorte aus Angeln) auf eine bestimmte Region begrenzt sind,
2. an der Westküste der Klimafaktor Wind begrenzend wirken kann, z. B. bei der Weinrebe und bei Pflaume und Zwetsche, die beide sehr sprödes Holz haben;
3. andere Sorten denselben Klimafaktor hervorragend vertragen können und dort sogar häufiger gepflanzt wurden, wie z. B. Quitte und Mirabelle.

Gemüse

Bei der Auflistung des Gemüses, das in bäuerlichen Gärten heutzutage angebaut wird, kamen 49 Arten und Sorten zusammen, in denen das alte Stammsortiment des Gemüsegartens von vor 100 Jahren noch vollständig enthalten ist.

Zum genaueren Vergleich sollen die norddeutschen Kochrezepte für die schleswig-holsteinische und mecklenburgische Küche von Luise Keck aus dem Jahre 1906 zu Rate gezogen werden und – siehe da – alle dort geforderten Zutaten sind noch heute in einem durchschnittlich sortierten Gemüsegarten vorhanden. Nur – die Forderung eines modernen Kochbuches, beispielsweise nach Chinakohl, Paprika und Friséesalat, hätte derselbe Garten nicht erfüllen können.

Denn diese neuen Gemüsearten, die noch durch Knollenfenchel, Broccoli, Zuckermais, Stangensellerie, Topinambur und Chicorée ergänzt werden könnten, versuchen gerade den ersten, zaghaften Einstieg in das altbewährte Gemüsesortiment. Sie treten im Gegensatz zum Eissalat, zu den Zucchini und zur Tomate, die schon regelmäßig in der Erfassung notiert werden konnten, vorerst nur vereinzelt auf.

Nun liegt es in der Natur der Sache, daß die Verschiebung der imaginären Werteskala, an der wir den Beliebtheitsgrad der jeweiligen Gemüsesorte ablesen, nicht nur nach der einen Seite hin, zum Neuzugang erfolgt, sondern ebenfalls durch den Rückzug ehemals stärker vertretener Arten beeinflußt wird. Zu diesen zählen die Stangenbohne, Feldsalat, Große Bohne, Rettich, Schalotte, Steck- und Mairübe sowie die sehr alte Etagenzwiebel, eine typische Bauerngartenpflanze früherer Zeit. Besonders die drei letztgenannten sind bereits so stark zurückgegangen, daß sie nicht mehr als allgemein übliche Gemüseart der Bauerngärten gelten können.

Die durchschnittliche Artenzahl liegt bei 13, die Tendenz ist zum Östlichen Hügelland hin steigend, nach Westen hin, hier insbesondere auf den Inseln, eher abnehmend.

Kräuter

Die frühesten Zeugnisse unserer Gartenkultur, wie das Capitulare de villis Karls des Großen, der St. Gallener Klosterplan und der Hortulus des Walahfrid Strabo, beweisen übereinstimmend, daß die Kräuter (Heil- und Küchenkräuter) einst das zentrale Thema des frühen Gartenbaus waren. Von daher stellte sich mir die partielle Weiterentwicklung des Kräutergartens zum Blumengarten als eines der interessantesten Kapitel innerhalb der Gartengeschichte dar. Meine anfänglich große Neugier auf volkskundlich überliefertes Wissen von Kräuteranwendungen wich sehr schnell der Erkenntnis, daß die volkstümliche Kräuterkunde entweder längst vergessen war (eine Jersbeker Altbäuerin wußte als einzige über alte Familienrezepte zu berichten) oder um Schleswig-Holstein von jeher einen großen Bogen geschlagen hatte.

Vom oben schon zitierten Bedeutungswandel der Arten wurde die Gruppe der alten Heil- und Küchenkräuter (nach von Fischer-Benzon) besonders stark ergriffen. Betroffen sind 11 von 23 Arten, die teils als Würzkraut, teils als Heilkraut Verwendung fanden, wie das Mutterkraut, die Raute (siehe Abb. 68), das Heiligenkraut, die Hauswurz oder Hauslauch, der Rainfarn und zuletzt die Trippmadam, eines der alten Aalkräuter, das seinen Standort im Kräuterbeet längst mit dem Steingarten vertauscht hat.

Zu diesem Schwund haben die Fortschritte der Medizin maßgeblich beigetragen. Auch die Bedeutung der Duftkräuter, die zum Duftstrauß, dem „Rükstruschen“ oder „Rückelsch“, zusammengebunden waren, hat sich verloren. Die Frauen nahmen ihn mit zu Kirchgängen und ähnlichen Anlässen. Auf traditionelle Art bestand er aus Lavendel, Krauser Minze, Ysop, Zitronenmelisse und Salbei. In Lauenburg kam ergänzend noch die Eberraute hinzu. Ihr feingefiedertes Laub strömt einen intensiven, aromatischen Zitronenduft aus und ihr herber, etwas bitterer Geschmack weist auf die Verwandtschaft mit Beifuß, Estragon und Wermut hin. Beide – Duft und Geschmack – sind auf die ätherischen Öle, Bitter- und Gerbstoffe zurückzuführen. Die sehr selten gewordene

Abb. 68: Die Raute – eines der alten „Aalkräuter" – ist von filigranartiger Schönheit

Eberraute ist noch gelegentlich in traditionellen Gärten der Lauenburgischen und Dithmarscher Dörfer anzutreffen.

Die festgestellte Gesamtartenzahl der Kräuter beträgt 31. Zwei Drittel der Arten kommen nur sporadisch vor, so daß nur 10 für die neue Bauerngarten-Kräuterflora in Frage kommen. Das durchschnittliche Kräutersortiment der schleswig-holsteinischen Gärten besteht aus vier Arten, nämlich Krausblättriger Petersilie, Schnittlauch, Dill und dem Meerrettich, der nur noch selten genutzt wird, aber dank seiner Vitalität fast überall noch sein Dasein fristet.

Die Gespräche mit den Frauen (und wenigen Männern) ergaben, daß der Bedarf an Kräutern nach ihrer Einschätzung auch in der Vergangenheit nicht größer gewesen ist. Diejenigen Kräutersortimente, die mit bis zu 13 Arten über das übliche Maß hinausgingen, waren in keinem Fall aus traditionellen Gründen so reichhaltig gewesen, sondern auf die veränderten, modernen Eßgewohnheiten der meist jüngeren Leute zurückzuführen.

Ein Blick in das schon zitierte Kochbuch von 1906 belehrt uns da in ähnlicher Weise: Das Rezept für die berühmte Hamburger Aalsuppe sieht zum Würzen 7 – 14 verschiedene Kräuter vor. Welche das sein mußten, war hier nicht zu erfahren, nur der Hinweis, man möge sie am besten beim Gärtner besorgen!

Der „Altdeutschen Gartenflora“ (1894) von Fischer-Benzon ließ sich schließlich die genaue Artenzusammensetzung der „Aalkräuter“ entnehmen. Hierher gehörten Basilikum, Fenchel, Kerbel, Majoran, Melisse, Petersilie, Pimpinelle, Portulak, Raute, Thymian, Trippmadam, Sauerampfer und Schnittlauch.

Resümierend bleibt nun nichts anderes übrig, als festzustellen, daß die Liebe zu den Kräutern wohl tatsächlich einen Bogen um dieses Land geschlagen hat. Sie hatte recht, die Landfrau, die zu mir sagte: „Wir brauchen nicht mehr; man ißt ja so, wie man's gewohnt ist, nicht?“

Blumen

Die heutige Vielfalt schöner Blütenpflanzen in unseren Gärten verdanken wir einem sich über Jahrhunderte hinziehenden Entwicklungsprozeß, der von dem Bedürfnis des Menschen nach Schönheit getragen wird und im Garten für ständige Erneuerung und Veränderung sorgt. Wenn wir uns im folgenden mit den Blumen der heutigen bäuerlichen Gärten auseinandersetzen, dann auch besonders unter dem Gesichtspunkt der Polarität von Tradition und Erneuerung, die schon im 19. Jahrhundert bis in die heutige Zeit immer wieder die Gemüter bewegt hat. Der Garten an sich ist zweifellos ein dynamisches Gebilde, dessen Ausdruckskraft von verschiedenen äußeren Faktoren wie Jahreszeit, Klima und Modeströmungen bestimmt und verändert werden kann.

Tragen die Gehölze einen wesentlichen Teil zur räumlichen Gestaltung des Gartens bei, so übernehmen die Blumen den Teil einer inneren Gestaltung, der sich – nur unzureichend – mit Worten wie Schmuck und Zier, Atmosphäre, Ausstrahlung und Stimmung, beschreiben läßt. Diese atmosphärischen Verän-

Abb. 69: Die „Pflaumenblüte“, eine Verwandte unserer Garten-Schwertlilie

derungen werden uns im jahreszeitlich bedingten Blütenwechsel deutlich vor Augen geführt. Die reichhaltige Zusammensetzung unserer Bauerngartenflora aus Stauden, Zwiebel- und Knollengewächsen, ein- und zweijährigen Blumen gewährleistet erst einen Blütenschmuck, der alle Jahreszeiten umfaßt.

Es ließ sich feststellen, daß die Verteilung der Blumen im Lande sehr viel homogener ist als die der Gehölze. Dadurch lassen sich regionale Besonderheiten nur andeutungsweise erfassen. Z. B. konnten einige Arten, wie z. B. Weiße Lilie, Frauenmantel, Wiesenraute und Sterndolde nicht für die Westküste notiert werden. Die Sterndolde traf ich nur in den nordöstlichen Landesteilen Angeln, Eckernförde und in der Probstei an. Der Milchstern scheint dagegen im Osten zu fehlen.

Eine andere Pflanze, die leider nur noch in sehr geringem Maße landschaftlichen Zeigerwert hat, aber noch in den 20er Jahren als „Wilde Tulpe" des Elbtales die dortigen Gärten schmückte (siehe Abb. 45), ist die Schachblume (Fritillaria meleagris L.). Ihre zahlreichen volkstümlichen Namen, nach Eschenburg (1928) außer den beiden genannten auch Kuckucksblume, Kiebitzei, Reet- und Maitulpe, bezeugen ihre einstige Verbreitung und Beliebtheit als Gartenpflanze. In den vorliegenden Bestandsaufnahmen war die Art traditionell nur noch wenige Male – bevorzugt in der Störniederung – vertreten.

Weitere Arten, die, wie die Schachblume, in der alten Bauerngartenflora nach von Fischer-Benzon verzeichnet sind, heute aber Seltenheitswert haben und nicht mehr in der neuen Flora erscheinen, sind außer Alant (Inula helenium L.), Türkenbund (Martagonlilie, Lilium martagon L.), Leberblümchen (Hepatica nobilis Mill.), Resede (Reseda odorata L.), Weiße oder Madonnenlilie (Lilium candidum L.), Nachtviole (Hesperis matronalis L.) und schließlich Wildtulpe (Tulipa silvestris L.), Haselwurz (Asarum europaeum L.) sowie Frauenminze (Tanacetum balsamita L.). Die drei Letztgenannten waren heute kaum noch in Gärten auffindbar. Auch die gefüllt blühenden Sorten von Buschwindröschen und Kriechendem Hahnenfuß, auch „Gelbe Knöpfe" genannt, scheinen von der Bildfläche verschwunden zu sein.

Jedoch wird auch heute noch die Mehrheit der Bauerngartenblumen in den Gärten von den alten Sorten vertreten. Von 165 Arten der neuen Flora (die alte beinhaltete 108) konnten 101 den traditionellen Bauerngartenblumen zugeordnet werden. Darunter sind auch einige enthalten, die zwar von Knuth und von Fischer-Benzon nicht erwähnt worden sind, die aber, wie die Knopfblume (Bertramsgarbe) oder die Duftende Wicke schon damals nachweislich anerkannte Bauernpflanzen waren.

Dem Pflanzenverzeichnis eines Pastorengartens aus dem 17. Jahrhundert, das 1895 von Richard von Fischer-Benzon veröffentlicht worden war, waren zwei interessante Mitteilungen zu entnehmen: die eine betrifft die von Gröll (1988) als jüngster Neuzugang zur Bauerngartenflora bezeichnete Bechermalve (Lavatera trimestris L.). Sie wäre gemäß oben angegebenem Dokument als traditionelle Pflanze einzustufen, wenn sie sich auch erst seit kurzem wieder größerer Beliebtheit erfreut.

Abb. 70: Herbstastern (hier vom Typ der Glattblattastern) stehen heute in fast jedem Bauerngarten

Eine zweite, dort verzeichnete Art, die besondere Aufmerksamkeit verdient, gab zunächst Rätsel auf. Als unbekannte und bereits verblühte, jedoch „irisverdächtige" kleine Pflanze, die sich unauffällig zwischen anderen Stauden verbarg, war sie gelegentlich in alten Gärten anzutreffen. Niemand kannte einen genaueren Namen als „Pflaumeniris", „Pflaumenblüte" oder „Blaue Pflaume". Erst nach einem Jahr Wartezeit lüftete eine zauberhafte, violettblaue Blüte von betörendem Duft, der seinem volkskundlichen Namen tatsächlich alle Ehre macht, ihr Geheimnis. Es handelt sich um die Grasblättrige Schwertlilie (Iris graminifolia L.). Ihr Bestand scheint ernsthaft gefährdet, da sie – wohl aufgrund ihrer kurzen, nur 14-tägigen Blütezeit – keinerlei Handelswert mehr besitzt (siehe Abb. 69).

Nur 29 Blumenarten der neuen Bauerngartenflora sind als jüngere Neuzugänge zu bewerten. In der Mehrzahl sind es besonders farbenprächtige Stauden, die großen Zierwert haben. In erster Linie sind hier die Herbstastern zu nennen, die zwar schon vor 200 Jahren bei uns eingeführt worden sind, aber erst nach erfolgreicher Züchterarbeit im 20. Jahrhundert eine so große Verbreitung erreichten, so daß sie heute als Gruppe den ersten Rang in der Neuen Bauerngartenflora einnehmen. Ihr Formenreichtum, der sich aus dem Glattblatt- (siehe Abb. 70), den Rauhblatt-, den Myrten- und Kissenastern zusammensetzt, und ihre verschwenderische Blütenfülle am Ende des Gartenjahres machen sie zu einer echten Attraktion des Gartens.

Andere, typische neue Arten der jüngeren Zeit sind mit dem Purpurglöckchen, der Gelenkblume, der Japan-Anemone, der Kosmee, der Chinesischen Pfingstrose (siehe Abb. 71), dem Sonnenauge, Przwalskis Greiskraut, Pachysandra und anderen anzugeben. Sie wurden in der Flora gesondert gekennzeichnet.

Eine zweite Gruppe der Neueingebürgerten umfaßt einjährige Blumen, die eine gemeinsame und besondere Eigenschaft aufweisen, nämlich ihre „Unsterblichkeit". Es sind die zur Zeit wieder in Mode gekommenen Trockenblumen, z. B. Strohblumen, Sonnenflügel und verschiedene Strandfliederarten, die man heute in vielen Gärten antrifft.

Es gab schon früher eine „unsterbliche" Blume in den alten Bauerngärten, nämlich Anaphalis margaritacea, in deren volkstümlichen Namen „Ewigkeitsblume" ihr „Strohblumencharakter" deutlich und poetisch zum Ausdruck gebracht wird. Noch im vorigen Jahrhundert fand sie Verwendung als Grabschmuck. Durch die neue Konkurrenz ist sie heute fast in Vergessenheit geraten.

Die nicht weiter bezeichneten Arten in der Florenlisten verkörpern die „mittelalterlichen" Arten, das heißt diejenigen, die in den letzten 100 Jahren einen größeren Bekanntheitsgrad erreicht haben. Zu ihnen zählen Tränendes Herz, der Gartenmohn, Funkie, Bergenie, Chinesische Pfingstrose, Winteraster und andere.

Rückblickend kann festgehalten werden, daß auch der Grundstock der neuen Bauerngartenflora nach wie vor auf den traditionellen Arten beruht, die ihre Schönheit und Unkompliziertheit längst bewiesen haben. Andererseits ist an der Flora auch der Einfluß unserer Zeit ablesbar.

Abb. 71: Die chinesische Pfingstrose, eine Lieblingsblume der Chinesen und Japaner, gelangte vor zwei Jahrhunderten nach Europa

Anmerkungen zur Gartenbaukultur

Umfragen unter den Gartenbesitzerinnen, seltener den Besitzern, zur Nutzung des Gartens ergaben durchweg, daß man an der doppelten Nutzung des Gartens, sowohl zum Nahrungserwerb, wobei auch die Nahrungsqualität und die ständige Nahrungsverfügbarkeit eine Rolle spielen, wie auch als Quelle der Freude interessiert ist.

Besondere Anbauverfahren haben sich fast überall aus eigenen Erfahrungen mit partiellen Fruchtfolgeschemata, z.B. Erdbeerneupflanzung nach Frühkartoffeln, entwickelt. Aus der Fülle der modernen Mischkulturmöglichkeiten kommt die altbewährte und -bekannte Kombination von Wurzeln und Zwiebeln fast überall zur Anwendung. Fruchtfolge ist ebenso vielen bekannt, wird aber nur von wenigen konsequent nach Plan eingehalten.

In einem mir bekannten Fall wurden die Saat- und Pflanztermine nach den Gestirns-Konstellationen ausgerichtet.

Nach wie vor ist der Mist das gängigste Düngemittel für ländliche Gärten, mit dem im allgemeinen nicht gespart wird. Eine teilweise Düngung der Flächen nach dem Stark- und Schwachzehrerprinzip auf Basis einer Drei- oder Vier-Felder-Wirtschaft wird nur selten berücksichtigt. Nicht selten werden zum Mist noch Mineraldünger verschiedener, oft unbekannter Art ausgestreut.

Kompostgaben gibt es in bäuerlichen Gärten recht selten. Wenn ja, dann wurde ganz entschieden auf die ausschließliche Kompostdüngung bei Ablehnung der sogenannten Kunstdünger hingewiesen.

Wenig bekannt ist auch die Praxis der Gründüngung oder die Anwendung von Steinmehl, die dann aber mit Überzeugung und genauer Kenntnis gehandhabt wird.

Innerhalb der bäuerlichen Arbeitswelt und der bäuerlichen Kultur ist das Gärtnern von jeher die ureigenste Arbeit der Frauen gewesen. Eine Tätigkeit in eigener Verantwortung, die Freude und sichtbare Erfolge hervorbringt und daher vermutlich einiges dazu beigetragen hat, die Anerkennung und das Selbstwertgefühl der Frauen von der Vergangenheit bis heute hin zu verbessern.

Zu Zeiten der Großfamilien haben sich mehrere Frauen die Arbeit geteilt. Heute ist das anders geworden. Die meisten Frauen sind überwiegend allein verantwortlich. Männliche Hilfe beim Graben, Fräsen oder Heckeschneiden ist da nicht ungewöhnlich. Ungewöhnlich ist allerdings, wenn die Männer die Gartenbetreuung übernommen haben. Dies geschieht entweder aus Notwendigkeit oder aus einem langgehegten Interesse heraus. In jedem Fall aber schafft es eine genauso tiefe Verbundenheit zwischen Mann und Garten, wie sie sonst bei den Frauen zu beobachten ist.

Die Fragen nach dem Woher des Wissens und nach einem eventuellen Vorbild, dem man nacheifert und dem man manche Fertigkeit abgeguckt haben könnte, führten fast alle zurück in die Kindheit, meist die Kindheit auf dem

Lande in einem Garten, der „viel schöner war als der eigene“. Als Vorbild wird durchweg die Mutter oder Großmutter genannt, einmal auch der Vater, der seine Gartenliebe dann prompt auf den Sohn übertragen hat!

Die Lehrzeit, seltener auch die Ausbildung zur Hauswirtschaftsmeisterin – sie ordnen das in der Kindheit angesammelte Wissen nach neuen Erkenntnissen, die dann im eigenen Garten angewendet und an die nächste Generation weitergegeben werden und – vermengt mit selbstgesammelten Erfahrungen – ein ganzes frohes und zugleich arbeitsreiches Gärtner(innen)leben anhalten.

Nachlese

Ein Zitat aus Agnes Miegels Bemerkungen „Über Blumen und Sträucher" (1923) soll diese Ausführungen beschließen:

„Ich war neulich in einem Garten ganz dicht bei der Stadt, dem hatte man sein altes Gesicht gelassen, hatte es bewahrt, und nun blüht es in unverwelklicher Frische. Rabatten mit Tulpen und Narzissen säumten den Weg, die Sonne schien auf den Mühlsteintisch in der Laube, die Apfelbäume blühten im Obstgarten und von dem Sitz hoch in der alten Linde lachte ein vergnügtes rotbäckiges Kindergesicht auf all die grüne und bunte Pracht, durch die allerlei Getier wandelte und flatterte wie im Paradies. Ich werde mich aber hüten zu sagen, wo dies Paradies liegt, sonst kommt die Schlange der Kultur und rät dringend, seine Früchte abzureißen, von denen sie doch weder Nam' noch Art kennt."

1 Wagersrott
2 Jürgensrade
3 Groß-Wittensee
4 Schönwohld
5 Sieversdorf-Oha
6 Fiefbergen
7 Bendfeld
8 Dannau
9 Braak
10 Jersbek
11 Siebenbäumen
12 Lüchow
13 Rotenbek-Kuddewörde
14 Auufer
15 Elskop
16 Süderauerdorf
17 Mühlenstraßen
18 Hennstedt
19 Tating
20 Fahretoft
21 Hooge
22 Boldixum/Föhr

Schleswig-Holsteins alte Bauerngärten

Ortschaften der im Buch beschriebenen Gärten

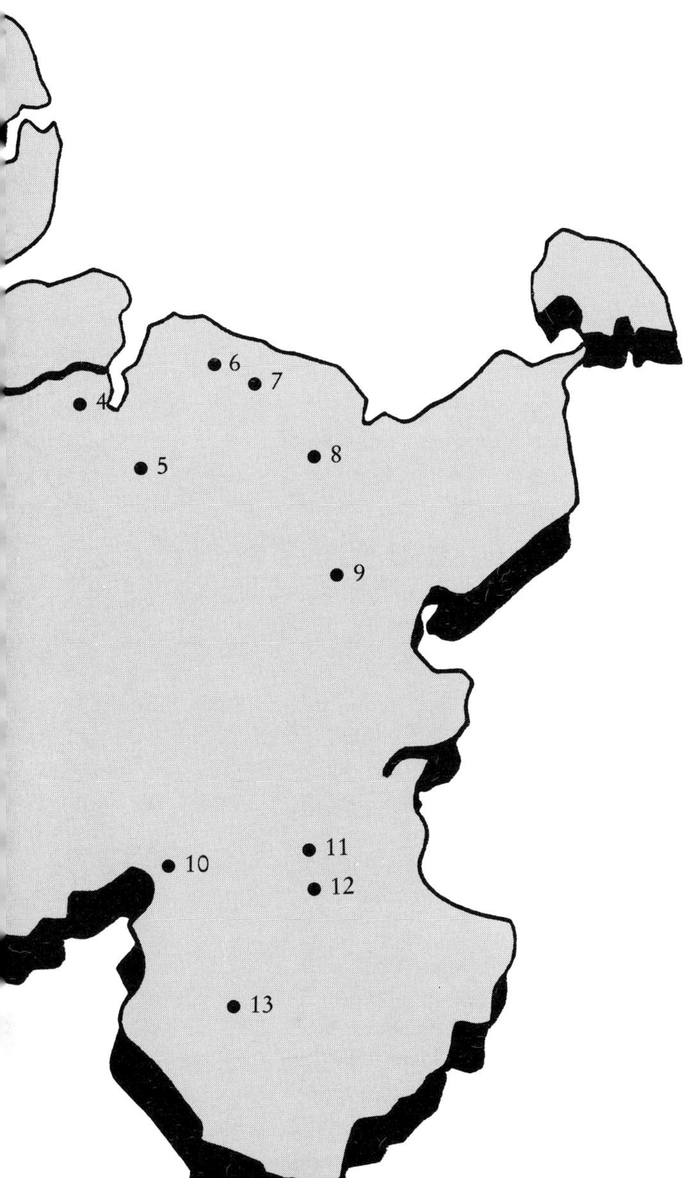

Literaturverzeichnis

AIGLE, Alma de l' (1977): Begegnungen mit Rosen; 337 S., Moos/Bodensee

BARZ, P. (1982): Der wahre Schimmelreiter. 255 S., Hamburg

BEHRE, K.-E. (1969): Untersuchungen des botanischen Material. Berichte über die Ausgrabungen in Haithabu. Bericht II, Neumünster

BEHRE, K.-E. (1976): Die Pflanzenreste aus der frühgeschichtlichen Marschensiedlung bei Elisenhof/Eiderstedt. Band II, Frankfurt

BERNHARDT, K.-G. (1987): Verwilderte Gartenpflanzen im Artland. Osnabrücker natw. Mittl. S. 81-86, Osnabrück

BIERNATZKI, W. (1925): Die Groß-Flintbeker Eibe. Die Heimat *5*, S. 97-99

BOCK, H. (1546): New Kreutterbuch, Straßburg

BORCHHARDT, R. (1987): Der leidenschaftliche Gärtner, Nördlingen

BRECKWOLDT, J. (1982): Der Garten z. Hof Kortum aus Schipphorsterfeld. Berichte aus dem Schleswig-Holsteinischen Freilichtmuseum, Heft *19*

BÜHLER, J. (1938): Der deutsche Bauer im Wandel der Zeiten, Köln

BUNTE, O. (1987): Die Chronik von Auufer, 105 S., Kiel

BUTTLAR, A. v. (1985): Vom Landschaftsgarten zur Gartenlandschaft – Peter Joseph Lenné und seine Parkschöpfungen in Berlin und Potsdam; in: Berlin durch die Blume oder Kraut und Rüben, Berlin

CALLSEN, I. J. (1906): Die Pflanzen im Volksleben, Die Heimat *16*, 23-25

CHRISTIANSEN, W. (1914): Blumen der schleswig-holsteinischen Bauerngärten. Deutsche Dorfzeitung XVII, 122-123

CHRISTIANSEN, W. (1914): Heilpflanzen in den schleswig-holsteinischen Bauerngärten, Niedersachsen *20*, 60-61

CHRISTIANSEN, W. (1930): Theodor Storm und die Blumen, Die Heimat *40*, 113-114

CLAUSEN, O. (1981): Chronik d. Heide- u. Moorkolonisation im Herzogtum Schleswig (1760-1765), 894 S., Husum

DAVIDSEN, H. Chr. (1974): Gesundheits- und Heilmittel zu Großmutters Zeiten, Jb. Schleswigsche Geest *22*, 179-183

DEGN, Ch. u. U. MUUSS (1968): Luftbildatlas von Schleswig-Holstein, Teil II, S. 176, Neumünster

DEGN, Ch. u. U. MUUSS (1979): Topographischer Atlas Schleswig-Holstein und Hamburg, S. 185, Neumünster

DITTRICH, W. (1904): Bäuerliche Gärten 128 S., Stuttgart

ESCHENBURG, H. (1928): Die „wilden Tulpen" (Fritillaria meleagris) im Elbtal. Die Heimat *38*, 89-91

ESCHENBURG, H. und R. v. FISCHER-BENZON (1893): Unsere Bauerngärten, II. Die Heimat *3*, 36-45

FECKER, H. (1975): Historische Gärten, Kulturdenkmale mit Wohlfahrtswirkung und Freizeitwert. Einführungsreferat zum Schwetzinger Symposium „Historische Gärten und Anlagen" 1975

FINDER, E. (1930): Gartenwesen und Gartenlust. In: Hamburgisches Bürgertum in der Vergangenheit, 340-371, Hamburg

FISCHER, H. (1929): Mittelalterliche Pflanzenkunde 318 S., München, Nachdruck 1967 Hildesheim

FISCHER-BENZON, R. v. (1891): Unsere Bauerngärten. Die Heimat 1, 166-173

FISCHER-BENZON, R. v. (1894): Altdeutsche Gartenflora 254 S., Kiel und Leipzig

FISCHER-BENZON, R. v. (1895): 2 ältere Dokumente zur Geschichte des Gartenbaus in Schleswig-Holstein. Schrift. Natw. Ver. Schleswig-Holstein *X* (1), 1-20

FISCHER-BENZON, R. v. (1985): Über die „Physica" der heiligen Hildegard – die erste Naturgeschichte Deutschlands. Schrift. Natw. Ver. Schleswig-Holstein *X*

FITSCHEN, J. (1977): Gehölzflora. 396 S., Heidelberg

FOERSTER, K. (1911): Winterharte Blütenstauden und Sträucher der Neuzeit. Leipzig

FOERSTER, K. (1969): Neuer Glanz des Gartenjahres. 200 S., Melsungen, Basel, Wien

FONTANE, T. (1991): Der Stechlin, 357 S., München

FRAHM, L. (1928): Volkstümliche Heilkräuter und Nutzpflanzen. Die Heimat *38*, 246-250

GENDERS, R. (1968): Die Rose – Ein vollständiges Handbuch. 471 S. Rüschlikon - Zürich
GERLACH, Chr. (1982): Bauerngärten gewinnen wieder an Bedeutung. In: Naturmagazin Daußen, Bd. *48*, Ostfriesland, Hamburg, S. 40-47
GLEICH, H. D. I.: Bauerngärten im Mittelalter. Veröffentlichung des Förderkreises des Museumsdorfes Düppel e.V., Berlin
GLOGAU, A. (1920): Mein Gartenbuch. Leipzig und Nordhausen
GOECKE, M. (1988): Gartendenkmalpflege tut not! Garten und Landschaft 5/88
GREVE, Chr. (1904): Pflanzen der Heimat als Volksheilmittel. Die Heimat *14*, 116-119
GRIESSMAIR, Brigitte u. KOMPATSCHER, Anneliese (1987): Vielgeliebter Bauerngarten. 152 S., Bozen
GRÖLL, W. (1985): Über ländliche Gärten in Norddeutschland. Volkskunst *2*, 42-46
GRÖLL, W. (1988): Bauerngärten der Lüneburger Heide. Schriften des Freilichtmuseums am Kiekeberg, Bd. 1
GRÖLL, W. (1988): Erste Baumpflanzungen im historischen „App'l- un Beer-Hoff" zu Niederhaverbeck. Naturschutz u. Naturparke, Heft *128*
GRÖLL, W. (1991): Die Bauerngärten im Naturschutzpark Lüneburger Heide. Naturschutz- und Naturparke 140, 6-11
GRUNERT, Ch. (1967): Gartenblumen von A-Z. 320 S., Leipzig
HAERKÖTTER, G. u. M. (1986): Hexenfurz und Teufelsdreck, 183 S., Frankfurt/M.
HAUPT, R. (1925): Geschichte und Art der Baukunst in Nordelbien. Die Bau- und Kunstdenkmäler der deutschen Provinz Schleswig-Holstein's, Bd. 6. S. 732-745, Heide
HAUSER, A. (1976): Bauerngärten der Schweiz 208 S., Luzern
HAY, R. u. P. M. SYNGE (1971): Das große Blumenbuch. Stuttgart
HEIDE, A. v. d. u. B. NOLLEN (1904): . . . und eine kleine Blume muß man haben. 102 S., Köln
HEILMANN, K. E. (1964): Kräuterbücher in Bild und Geschichte 306 S., München
HELMOLD von Bosau: Slawenchronik. In: Chroniken des Mittelalters, München 1964
HENNE am Rhyn, O. (1893): Kulturgeschichte des deutschen Volkes, Bd. Berlin
HENNEBO, D. u. A. HOFFMANN (1962): Geschichte der deutschen Gartenkunst, 3 Bd. Hamburg
HINGST, K. u. U. MUUSS (1978): Landschaftswandel in Schleswig-Holstein, 141 S., Neumünster
HIRSCH, G. A. (1894): Der Druvapfel oder Kleiner Herrenapfel. Die Heimat *4*, I-III
HIRSCHFELD, P. (1935): Schleswig-Holsteinische Herrenhäuser, Gutshöfe und Gärten des 18. Jahrhunderts – ihre Bauherren und Baumeister - 155 S. Kiel
HOECK, N. (1955): Heimatgärten. Die Heimat *62*, 196-199
HOFFMANN, F. (1959): Erwachendes Naturempfinden in und um Alt-Kiel. Mitteilungen der Gesellschaft für Kieler Stadtgeschichte 1959, 65-79
HOLDT, H. v. (1985): Hallig Hooge – einst und jetzt. Schriften des Heimatmuseums. Hallig Hooge
HUNTEMANN, I. (1931): Die plattdeutschen Namen unserer Kulturgewächse und der wildwachsenden Pflanzenarten 145 S., Oldenburg i.O.
HURRLEIN, B. (1985): Die Renaissance des Bauerngartens. Garten und Landschaft 1985, 23-27
INSTITUT FÜR FREIRAUMPLANUNG, Staatliche Versuchsanstalt für Gartenbau Weihenstephan: Erfassung privater historischer Park- und Gartenanlagen in Bayern (Forschungsauftrag 1983-1985)
JAKOBI, F.-J. (1982): Klosterkultur des Früh- und Hochmittelalters 36 S., Paderborn
JOHANNSEN, F. (1970): Die Stiftung und der Hauberg Hochdorf in Tating. Heimatkalender „Zwischen Eider und Wiedau 1970", 8 S.
KECK, L. (1906): Kochbuch für Norddeutschland insbesondere für Schleswig-Holstein und Mecklenburg. 220 S. - Schleswig
KIESEWETTER, H. Chr. Ph. (1807): Praktische ökonomische Bemerkungen auf einer Reise durch Hollstein, Schleßwig, Dithmarsen, 252 S., Hof
KLEIN, R. L. (1988): Zur Geschichte des ländlichen Hausgartens am Brümmerhof. Materialien zum Museumsbesuch Nr. 9, Landwirtschaftsmuseum Lüneburg. Heide/Hösseringen

KNUTH, P. (1888): Schulflora der Provinz Schleswig-Holstein, des Fürstentums Lübeck sowie des Gebietes der freien Städte Hamburg und Lübeck 406 S., Leipzig
KNUTH, P. (1892): Zur Flora der Schleswigschen Bauerngärten. Die Heimat *2*, 36-38
KNUTH, P. (1894): Föhringer Gartenpflanzen. Die Heimat *4*, 171-174
KNUTH, P. (1894): Hallig-Gärten. Die Heimat *4*, 37-39
KOCK, Chr. (1912): Volks- und Landeskunde der Landschaft Schwansen. Heidelberg
KÖNIG, D. (1967): Parks und Gärten in Schleswig-Holstein 48 S., Neumünster
KRAMER, K.-S. u. U. WILKENS (1979): Volksleben in einem holsteinischen Gutsbezirk. Neumünster
KRANZ, M. (1973): Beerentragende Heil- und Giftpflanzen in Angeln. Jahrbuch des Heimatvereins Landschaft Angeln
KRANZ, M. (1983): Ein bunter Strauß volkstümlicher Pflanzennamen aus Angeln und umliegenden Landschaften. Jahrbuch des Heimatvereins Landschaft Angeln, 218-227
KREMER, B. P. (1984): Bauerngärten – ein vernachlässigtes ländliches Kulturgut. Natur und Museum *114*, 121-127
KROSIGK, K. v. (1984): Der Landschaftsgarten von Klein-Glienecke. In: Gartendenkmalpflege. Hrsg.: Senator für Stadtentwicklung und Umweltschutz Berlin
KUCKUCK, P. (1911): Reife Feigen und subtropische Pflanzen auf Helgoland. Die Heimat *21*, 19-25 und 37-51
KÜCK, E. (1906): Das alte Bauernleben in der Lüneburger Heide. Leipzig; Neudruck 1971 Hildesheim
KÜHL (1930/31): Johanniskräuter, Krankenheilungen, Viehkuren und Hexenglaube in früherer Zeit. Jahrbuch Angeler Heimatverein *2*, 59-62
LAUR, W. (1967): Historisches Ortsnamenlexikon von Schleswig-Holstein. Gottorfer Schriften Bd. VIII, 22 S. Schleswig
LENZ, H. O. (1859): Botanik der alten Griechen und Römer. Nachdruck Wiesbaden 1966
LICHTWARK, A. (1892): Der niedersächsische Bauerngarten. In: Makartbouquet und Blumenstrauß, 40 S., Hamburg
LICHTWARK, A. (1897): Vom Arbeitsfeld des Dillettantismus. 92 S., Dresden
LILIENCRON, D. v. (1924): Im Marschgarten. Heimatbuch Kreis Steinburg, Bd. I. S. 158, Glückstadt
LOHSE, D. (1989): Bauerngärten neu entdeckt. In: Bauernblatt vom 13. Mai 1989, S. 74
LORENZEN, A. (1911): Maulbeerbaum. Die Heimat *21*, S. 120
LORENTZEN, F. (1913): Pflege alter, charakteristischer Dorfblumen. Die Heimat *23*, S. 125
MAASS, H. (1926): Kleine und große Gärten aus der Werkstatt eines Gartengestalters. Frankfurt/Oder
MAASS, H. (1936): Große Sorgen um grüne Landschaft. Kiel
MARZELL, H. (1951): Fränkische Bauerngärten. Natur und Landschaft *61*
MEIBORG, R. (1977): Das Bauernhaus im Herzogtum Schleswig, 205 S., Kiel. Neudruck Kiel 1977
MENSING, O. (1935): Schleswig-Holsteinisches Wörterbuch, 5 Bd. Neumünster
MIEGEL, Agnes (1923): Das alte Gut. In: Spaziergänge einer Ostpreußin. Hrsg. v. Anni Piorreck, Köln 1987
MIEGEL, Agnes (1923): Über Blumen und Sträucher. ebenda
MÖLLER, Anneliese (1984): Der Staudenblüten-Bauerngarten Hans Möller Schwensby, unveröffentliches Manuskript
MÖLLER, H. (1932): Die Hauswurz in Angeln. Jahrbuch Angler Heimatverein *3*. 65-66
MOSIG, A. (1958): Der deutsche Bauerngarten 93 S., Berlin
MUCH, R. (1959): Die Germania des Tacitus, Darmstadt
MÜLLER, I. (1982): Die pflanzlichen Heilmittel bei Hildegard von Bingen 215 S., Salzburg
NEUSTÄDTER WOCHENBLATT (1886): Ein Rosenstock mit 3553 Blüten und Knospen zur gleichen Zeit. Jahrbuch Heimatkunde Oldenburg *30*, S. 144
NICKELS, C. (1845): Cultur, Benennung und Beschreibung der Rosen, 3. Bd. Preßburg, Nachdruck 1976, 401 S., Moos
NISSEN, Gerda (1976): Alte Rosen aus Dithmarscher Bauerngärten. Dithmarschen, Zeitschrift für Landeskunde und Heimatpflege 1976 (4), 133-164

NISSEN, Gerda (1976): Alte Rosen aus Dithmarscher Bauerngärten. Dithmarschen, Zeitschrift für Landeskunde und Heimatpflege 1976 (4), 133-164
NISSEN, Gerda (1981): Neues von Alten Rosen. Dithmarschen, Zeitschrift für Landeskunde und Heimatpflege 1981 (3), 69-75
NISSEN, Gerda (1984): Alte Rosen. 107 S., Heide
NOWAK-NORDHEIM. W. (1982): Freude am Bauerngarten. 143 S., München
OXENSTIERNA, E. Graf (1959): Die Wikinger. Stuttgart, Berlin, Köln, Mainz
PHILIPPSEN, H. (1917): Der Hauslauch. Die Heimat *27*, 338
POPPENDIECK, H.-H. (1992): Der erste Museumsbauerngarten. Die Gartenkunst *4*, 79-101
PREISVERZEICHNIS über Sämereien, Knollen, Topfpflanzen, Bäume von Runtzler, W. F. H. Schleswiger Intelligenzblatt 1855 (Stadtarchiv Schleswig)
PROVINZBERICHT (1790): Die Heimat *7*, S. 164, 1897
PUSCH, P. (1983): De ole Buurngorn. Rendsburger Jahrbuch *33*, 175-177
RAVE, H. M. (1924): Umgebung und Garten des alten Bauernhauses. Heimatbuch Kreis Steinburg, Bd. I, 155-157, Glückstadt
RAVE, P. O. (1941): Gärten der Goethezeit, Leipzig
REH, L. (1917): Obst- und Gartenbau in den Vierlanden bei Hamburg. Die Heimat XXVII, S. 145-150
REHLING, H. v. u. P. BROHMER (1922): Unsere Pflanzen in Sage, Geschichte und Dichtung. 125 S., Dresden
SCHARFF, A. (1960): Schleswig-holsteinische Geschichte – ein Überblick. S. 92, Würzburg
SCHEPERS, W. (1980): Hirschfelds Theorie der Gartenkunst. 402 S., Worms
SCHMEIL, O. u. J. FITSCHEN (1965): Flora von Deutschland 78. Auflage, 549 S., Heidelberg
SCHMIDT, Erika (1985): Der Hausgarten als Kulturdenkmal. Garten und Landschaft 12/85
SCHMIDT, J. (1895): Unsere Nährpflanzen, nach ihrer Heimat und Abstammung. Die Heimat *5*, 201-215
SCHNACK, E. (1907): Volkskundliches über Pflanzen und Pflanzennamen im nördlichen Angeln. Die Heimat *17*, 175-176
SCHNACK, E. (1914): Interessante Bäume und Sträucher im Apothekergarten in Quern. Die Heimat *24*, S. 275
SCHNEGAS, K.-D. (1984): Wild- und Heilkräuter in der näheren Umgebung Schleswigs. Jahrbuch des Heimatvereins Landschaft Angeln *40*, 222-240
SCHÖPF, H. (1986): Zauberkräuter 175 S., Graz
SCHRAMM-BRAUN, B. (1983): Hochdorfer Garten in Tating. Häusliche Prüfungsarbeit des Oberprüfungsamtes in Frankfurt. Mskr. Kiel
SCHREIBER, Kathinka (1986): Petersilie, Suppenkraut . . . Natur 8, 1986
SCHUBERT, Margot (1986): Blumengarten. S. 138, Radolfzell
SCHULZ, W. (1982): Alte wendländische Hof- und Bauerngärten. Veröffentlichung des Vereins zur Erhaltung von Rundlingen im Hannoverschen Wendland e.V., Heft *4*, 12 S., Lüchow
SCHWARZ, M. K. (1937): Der Bauerngarten 37 S., Berlin
SEITZ, P. (1985): Geschichte der Bauerngärten. Hessisches Landesamt für Ernährung, Landwirtschaft und Landentwicklung. 6 S., Mskr. Frankfurt/M.
SEITZ, P. (1986): Bauerngärten erhalten und gestalten. Hessisches Landesamt für Ernährung, Landwirtschaft und Landentwicklung. 3 S., Mskr. Frankfurt/M.
SELK, P. (1930/31): Über Angler Volksmedizin. Jahrbuch Angler Heimatverein *2*, 53-58
SIERK, H. (1925): Die Bauernchronik des Hartich Sierk aus Wrohm, Hrsg. Otto Mensing, 332 S., Flensburg
STEINVORTH, H. (1890): Die fränkischen Kaisergärten, die Bauerngärten der Niedersachsen und die Fensterflora derselben. Jahreshefte des naturwissenschaftlichen Vereins für das Fürstentum Lüneburg XI, 33-65
STERNSCHULTE, A. (1985): Die Gärten; Einzelführer des Westfälischen Freilichtmuseums Detmold, Landesmuseum für Volkskunde; Heft 5
STOFFLER, H.-D. (1978): Der Hortulus des Walahfrid Strabo. S. 102, Sigmaringen
STORM, Th. (1927): Von Jenseit des Meeres. In: Sämtliche Werke Bd. I, Leipzig
STORM, Th. (1927): Eine Halligfahrt. In: Sämtliche Werke Bd. II, Leipzig

TERGIT, G. (1958): Kaiserkron und Paeonien rot. 332 S., Köln
THIEME, Wulf (1986): Bäuerliche Gartenanlagen in der nördlichen Lüneburger Heide. Informationsblatt Nr. 68 des Helms Museums, Hamburg-Harburg
THIETJE, Giesela (1985): Ein Eutiner Mühlengarten von 1710. Jahrbuch Heimatkunde Eutin 1985, 22-24
TITZE, P. (1992): Bauerngärten – Hort alter und neuer Kulturpflanzen. Kunst und Antiquitäten 6, 66-69
TRUELSEN, H. (1902): Frühlingsbräuche. Jahrbuch des Heimatvereins Landschaft Angeln 1982, 137-145
VOIGT (1869): Geschichtliches über die Gärten um Hamburg 1869 (Zitat nach FINDER, E. 1930)
VOLKSMANN, H. (1893): Schleswig-holsteinisches Haus- und Zaubermittel. In: Am Urquell IV, Monatsschrift für Volkskunde Hamburg
VOTTELER, W. (1986): Verzeichnis der Apfel- und Birnensorten. S. 602, München
WIDMAYR, Chr. (1984): Alte Bauerngärten neu entdeckt. 175 S., München
WOLF, G. (1940): Haus und Hof deutscher Bauern - Schleswig-Holstein 172 S., Berlin
WOLSCHKE-BULMAHN, J. u. G. GRÖNING (1988): Der Kommende Garten. Garten und Landschaft 3/88
ZANDER, R. u. C. TESCHNER (1939): Der Rosengarten. 78 S., Frankfurt/O. und Berlin
ZANDER, R. (1952): Geschichte des deutschen Gärtnertums. Stuttgart
ZANDER, R. (1964): Handwörterbuch der Pflanzennamen und ihre Erklärungen. 624 S., Stuttgart

Neue Bauerngartenflora (1989) für Schleswig-Holstein

1. Blumen

(Stauden, ein- und zweijährige Arten, Zwiebel- und Knollengewächse)

Legende:

A:	Pflanzen der alten Bauerngartenflora nach von Fischer-Benzon und Knuth
(A):	Alte Bauerngartenpflanze, nicht in der alten Flora enthalten
N:	Neue Bauerngartenpflanze
N (A):	Alte Pflanzen, erst neuerdings (Sortenzüchung) von allgemeiner Verbreitung
fl. pl.:	mit gefüllten Blüten (flore pleno)
O:	erwähnt im Capitulare

	1.	Herbstastern (in Sorten)	
N (A)		-, Kissen-	Aster dumosus L.
N (A)		-, Glattblatt-	A. novi-belgii L.
N (A)		-, Rauhblatt-	A. novae-angliae L.
N (A)		-, Myrten- (Herbstmyrte)	A. ericoides L.
	2.	Narzissen	
A		Osterglocken (Zittlöschen)	Narcissus pseudonarcissus L.
A		Dichternarzisse (Pfingstnarzisse, Pfingstlilie)	N. poeticus L.
A	3.	Schneeglöckchen	Galanthus nivalis L.
A	4.	Tulpe, Garten-, Botan. T.	Tulipa L.
A	5.	Veilchen	Viola odorata L.
A	6.	Bauernrose	Paeonia officinalis L.
A	7.	Dahlien (in Sorten) (Georgine)	Dahlia variabilis hort.
A	8.	Phlox	Phlox paniculata hybrid.
A	9.	Stiefmütterchen	Viola x wittrockiana Gams
A	10.	Maiglöckchen (Lilie)	Convallaria majalis L.
(A)	11.	Staudenkornblume, Bergflockenblume (Kornblume)	Centaurea montana L.

Reihenfolge jeweils nach Häufigkeit des Vorkommens

Neue Bauerngartenflora (1989) für Schleswig-Holstein

A	12. Spiräe, Geißbart (Federbusch, Federspiräe)	Aruncus diocus (Walt.) Ferh.
(A)	13. Winteraster	Chrysanthemum indicum L.
	14. Weiße Margerite (Gartenmargerite)	Chr. maximum Ram.
A	15. Akelei	Aquilegia vulgaris L.
(A)	16. Gartenmohn	Papaver orientale L.
(A)	17. Funkie (in Arten und Sorten)	Hosta spec.
O A	18. Schwertlilie	Iris germanica hort.
(A)	19. Gemswurz (Frühlingsmargerite)	Doronicum orientale Hoffm.
A	20. Bartnelke (Klusternelke)	Dianthus barbatus L.
	21. Goldrute	Solidago canadensis L.
A	22. Eisenhut (Pferd und Wagen; Kutsch un Perd)	Aconitum napellus L.
A	23. Fingerhut	Digitalis purpurea L.
A	24. Perlhyazinthen (Traubenhyazinthe; Perlblume)	Muscari botryoides Mill.
N	25. Pfingstrose	Paeonia lactiflora Pallas
A	26. Studentenblume, Sammetblume	Tagetes patula L. fl. pl.
A	27. Federnelke	Dianthus plumarius L.
A	28. Krokus (in Arten und Sorten)	Crocus spec.
A	29. Große Fetthenne (Eisblume)	Sedum spectabile Bor.
	30. Sibirische Schwertlilie, Wiesenschwertlilie	Iris sibirica L.
	31. Bergenie	Bergenia delavayi hybrid.
	32. Goldweiderich, Gilbweiderich	Lysimachia punctata L.
A	33. Immergrün	Vinca minor L.
	34. Wiesenstorchschnabel	Geranium platypetalum Fisch. et Mey.
A	35. Feuerlilie	Lilium bulbiferum L.

Reihenfolge jeweils nach Häufigkeit des Vorkommens

Neue Bauerngartenflora (1989) für Schleswig-Holstein

	36.	Staudensonnenblume	Helianthus rigidus Desf.
O A	37.	Gladiole	Gladiolus hybrid.
	38.	Lupine	Lupinus polyphyllus Lindl.
N	39.	Astilbe	Astilbe x arendsii Arends
O A	40.	Mutterkraut (Röm. Kamille)	Chrysanthemum parthenium Bernh.
A	41.	Sommeraster	Callistephus chinensis L.
(A)	42.	Silbertaler, Silberblatt	Lunaria annua L.
(A)	43.	Schleierkraut	Gypsophila paniculata L.
A	44.	Rittersporn	Delphinium hybrid. hort.
A	45.	Taglilie, Gelbe	Hemerocallis flava L.
	46.	Tränendes Herz	Dicentra spectabilis Lem.
N	47.	Purpurglöckchen	Heuchera purpurea hybrid.
A	48.	Ringelblume (Morgenrot)	Calendula officinalis L.
(A)	49.	Kugeldistel	Echinops ritro L.
(A)	50.	Blaustern, Span. (Hasenglöckchen)	Scilla hispanica Mill.
A	51.	Bundgras, Glanzgras	Phalaris arundinaecea f. picta L.
(A)	52.	Vergißmeinnicht	Myosotis sylvatica Hoffm.
	53.	Taglilie, gelb und orange	Hemerocallis fulva L.
A	54.	Porzellanblümchen (Teetasse, Nackte Jungfer)	Saxifraga umbrosa L.
(A)	55.	Bechermalve	Lavatera trimestris L.
A	56.	Kaiserkrone	Fritillaria imperialis L.
	57.	Kleine Fetthenne	Sedum spurium M. B.
	58.	Knäul-Flockenblume	Campanula glomerata L.
A	59.	Stengellose Schlüsselblume	Primula vulgaris Huds.
	60.	Pfirsichblättrige Glockenblume	Campanula persicifolia L.
	61.	Schafgarbe, Rote „Cerise Queen"	Achillea millefolium L.
A	62.	Sonnenbraut (Rehauge)	Helenium autumnale L.
N	63.	Schafgarbe, Gelbe, Goldgarbe	Achillea filipendulina Lam.
A	64.	Märzenbecher	Leucojum vernum L.
A	65.	Christrose	Heleborus niger L.

Reihenfolge jeweils nach Häufigkeit des Vorkommens

Neue Bauerngartenflora (1989) für Schleswig-Holstein

(A)	66. Lila Flockenblume (Lila Kornblume)	Centaurea dealbata Willd.
(A)	67. Filziges Hornkraut	Cerastium tomentosum L.
A	68. Löwenmaul	Anthirrinum majus L.
	69. Bunte Margerite	Chrysanthemum coccineum Willd.
A	70. Kissenprimel	Primula vulgaris Huds.
(A)	71. Bertramsgarbe, Sumpfschafgarbe (Knopfblume)	Achillea ptarmica L. fl. pl.
	72. Kleines Tränendes Herz	Dicentra eximia TORR.
A	73. Blut-Storchschnabel	Geranium sanguineum L.
	74. Felsen-Steinkraut	Alyssum saxatile L.
N	75. Knöterich, Kriechender	Polygonum affine G. Don
A	76. Gartennelke	Dianthus caryophyllus L.
N	77. Langblättriger Ehrenpreis	Veronica longifolia L.
A	78. Kornblume	Centaurea cyanus L.
A	79. Hohe Schlüsselblume	Primula elatior HILL.
A	80. Trollblume (Eidotter)	Trollius hybrid. hort.
(A)	81. Winterling	Eranthis hiemalis Salisb.
N	82. Blaukissen	Aubrieta cultorum Bergm.
A	83. Brennende Liebe	Lychnis chalcedonica L.
(A)	84. Hohe Studentenblume	Tagetes erecta L.
A	85. Goldlack (in Sorten)	Cheiranthus cheiri L.
(A)	86. Goldnessel	Lamium galeobdolon Crantz
A	87. Grasnelke (Strandnelke)	Armeria maritima Willd.
A	88. Stockrose	Althaea rosea Cav.
N	89. Lungenkraut	Pulmonaria saccharata Mill.
N	90. Sonnenhut „Goldstern“	Rudbeckia nitida Nutt.
N	91. Moos-Steinbrech	Saxifraga x arendsii Arends
(A)	92. Stauden-Wicke	Lathyrus latifolius L.
N	93. Großblütiger Ziest	Stachys grandiflora Benth.
A	94. Sonnenblume	Helianthus annuus L.
N	95. Gelenkblume	Physostegia virginiaca Benth.
	96. Gänsekresse	Arabis caucasia Willd.
	97. Frauenmantel, Weicher	Alchemilla mollis Rothm.

Reihenfolge jeweils nach Häufigkeit des Vorkommens

Neue Bauerngartenflora (1989) für Schleswig-Holstein

A	98.	Dreimasterblume (Jeden-Morgen-neu; Guten-Morgen-Madam)	Tradescantia virginiana L.
N	99.	Feinstrahlaster	Erigeron speciosus var. superbus hort.
N	100.	Japan-Anemone (Herbstanemone)	Anemone hupehensis hort. ex Boynton
N	101.	Kosmee, Schmuckkörbchen	Cosmos bipinnatus Car.
(A)	102.	Sibir. Blaustern	Scilla sibirica Andr.
A	103.	Kapuzinerkresse (Schosterpiepen)	Trapaeolum majus hybrid.
(A)	104.	Jungfer im Grünen	Nigella damascena L.
	105.	Sonnenhut „Herbstsonne"	Rudbeckia nitida Nutt.
(A)	106.	Weiße Schleifenblume	Iberis sempervirens L.
N	107.	Kugelprimel	Primula denticulata Smith
A	108.	Aurikel	Primula auricula L.
N(A)	109.	Prachtscharte	Liatris spicata (L.) Willd.
A	110.	Vexiernelke, Kronen-Lichtnelke	Lychnis coronaria L.
Av	111.	Wicke	Lathyrus odoratus L.
O A	112.	Schlafmohn	Papaver somniferum L.
N(A)	113.	Montbretien	Crocosmia x crocosmiflora Lemoine
O A	114.	Hauswurz (Hauslauch)	Sedum tectorum L.
(A)	115.	Bärwurz	Meum athamanticum Jacq.
	116.	Kriechender Günsel	Ajuga reptans L.
A	117.	Indianernessel (in Sorten)	Monarda didyma L.
	118.	Strohblume	Helichrysum bracteatum Willd.
	119.	Lampionblume	Physalis alkekengi L.
(A)	120.	Grasblättrige Schwertlilie	Iris graminea L.
N	121.	Polsterphlox	Phlox subulata L.
Nv	122.	Sonnenauge	Heliopsis helianthoides Sweet
(A)	123.	Karparten-Glockenblume	Campanula carpatica Jacq.
N	124.	Eisbegonie	Begonia semperflorens Link et Otto
N	125.	Steinkraut „Königsteppich"	Lobularia maritima Desv.
A	126.	Hornveilchen	Viola cornuta L.

Reihenfolge jeweils nach Häufigkeit des Vorkommens

Neue Bauerngartenflora (1989) für Schleswig-Holstein

N	127.	Indisches Springkraut, Drüsige Balsamine	Impatiens glandulifera Toyle
A	128.	Levkoje	Matthiola incana var. annua Voss
A	129.	Himmelsleiter	Polemonium caeruleum L.
A	130.	Ewigkeitsblume	Anaphalis margaritacea L.
(A)	131.	Marienglockenblume	Campanula medium L.
N(A)	132.	Herkulesstaude	Heracleum mantegazzanium Somm et Lev.
A	133.	Nachtkerze, Gemeine	Oenothera biennis L.
	134.	Staudenmohn (Kugelmohn)	Papaver orientale „Olympia“
(A)	135.	Wiesenmargerite	Chrysanthemum leucanthemum L.
Av	136.	Tigerlilie	Lilium tigrinum Ker-Gawl.
(A)	137.	Milchstern	Ornithogalum umbellatum L.
(A)	138.	Mädesüß	Filipendula hexapetala Gilip.
(A)	139.	Königskerze	Verbascum hybridum hort.
(A)	140.	Zinnie	Zinnia elegans Jacq.
A	141.	Sterndolde (Probsteierknopf)	Astrantia major L.
N	142.	Strandflieder (in Arten und Sorten)	Limonium spec.
(A)	143.	Akeleiblättrige Wiesenkraute	Thalictrum aquilegifolium L.
	144.	Vielfarbige Wolfsmilch	Euphorbia polychroma Kern
N	145.	Sonnenflügel	Helipterum roseum Benth.
O A	146.	Moschulmalve	Malva moschata L.
N(A)	147.	Islandmohn	Papaver nudicaule L.
(A)	148.	Rotes Habichtskraut	Hieracium aurantiacum L.
A	149.	Felsen-Fetthenne (Trippmadam)	Sedum rupestre L.
(A)	150.	Weiße Fetthenne	Sedum album L.
(A)	151.	Alpen-Aster	Aster alpinus L.
N	152.	Kronen-Anemone	Anemone coronaria L.
(A)	153.	Kuhschelle	Pulsatilla vulgaris Mill.
	154.	Kokardenblume	Gaillardia hybrid. hort.
N	155.	Kaukasisches Vergißmeinnicht	Brunnera macrophylla J. M. Johnston
A	156.	Weberkarde, Wilde Karde	Dipsacus sativus (L.) Scholl.

Reihenfolge jeweils nach Häufigkeit des Vorkommens

A	157.	Herbstzeitlose	Colchicum autumnale L.
N	158.	Przewalskis Greiskraut	Ligularia przewalskii Diels
N	159.	Pachysandra	Pachysandra terminalis Sieb et Zucch.
	160.	Sommermargerite	Chrysanthemum carinatum Schousb.
(A)	161.	Mädchenauge	Coreopsis verticillata L.
A	162.	Marmelblümchen (Tausendschön, Gänseblümchen)	Bellis perennis L. fl. pl.
N	163.	Zweifarbiger Sonnenhut	Rudbeckia bicolor Nutt.
(A)	164.	Schleifenblume, einjährig	Iberis umbellata L.
N	165.	Stachelschweingras	Miscanthus sinensis Anders.

2. Kräuter

Legende:

O: erwähnt im Capitulare

! ähnliche Verwendung im Altertum

	1.	Krausblättrige Petersilie	Petroselinum crispum (Mill.) Nym.
O !	2.	Schnittlauch	Allium schoenoprasum L.
O	3.	Dill	Anethum graveolens L.
!	4.	Meerrettich	Armoracia lapathifolia Usteri
O	5.	Glattblättrige Petersilie	Petroselin umcrispum (Mill.) Nym.
!	6.	Zitronenmelisse	Melissa officinalis L.
O !	7.	Liebstöckel	Levisticum officinale Koch
O !	8.	Bohnenkraut	Satureja hortensis L.
	9.	Boretsch	Borago officinalis L.
(O!)	10.	Pfefferminze	Mentha piperita L.

Neue Bauerngartenflora (1989) für Schleswig-Holstein

3. Gemüse

Legende:
O: erwähnt im Capitulare
! ähnliche Verwendung im Altertum

	1.	Busch-Bohne	Phaesolus vulgaris L. var. nanus
O	2.	Wurzel, Möhre	Daucus carota L. ssp. sativus (Hoffm.) Hay.
	3.	Kopfsalat	Lactuca sativa var. capitata L.
	4.	Kartoffel (frühe Sorten)	Solanum tuberosum L.
O!	5.	Porree, Lauch	Allium porrum L.
	6.	Radies	Raphanus sativus L.
O!	7.	Erbse	Pisum sativum ssp. sativum L.
O!	8.	Zwiebel, Küchenzwiebel	Allium cepa L.
	9.	Grünkohl	Brassica oleracea var. acephala
	10.	Kohlrabi	Brassica oleracea var. gongylodes L.
O!	11.	Sellerie, Knollensellerie	Apium graveolens L. var. rapaceum
O!	12.	Gurke	Cucumis sativus L.
	13.	Wurzelpetersilie, Petersilienwurzel	Petroselinum crispum ssp. tuberosum (Bernh.) Soo.
	14.	Rote Beete	Beta vulgaris L. var. conditiva Alef.
O!	15.	Große Bohne, Dicke Bohne	Vicia faba L.
	16.	Kartoffel (späte Sorten)	Solanum tuberosum L.
O!	17.	Schnittsalat	Lactuca sativa ssp. longifolia (Lam.) Alef.
O!	18.	Schalotte	Alium ascalonium Strand
O	19.	Kürbis	Cucurbita pepo L.
	20.	Steckrübe	Brassica napus L. ssp. rapifera Metzg.
	21.	Schwarzwurzel	Scorzonera hispanica L.
	22.	Spargel	Asparagus officinalis L.
	23.	Zucchini	Cucurbita pepo ssp. giromontiina
	24.	Spinat	Spinacia oleracea L.
	25.	Tomate	Solanum lycopersicum L.
	26.	Wachsbohne	Phaseolus vulgaris L. var. nanus

Reihenfolge jeweils nach Häufigkeit des Vorkommens

O!	27. Weißkohl	Brassica oleracea var. capitata f. alba L.
	28. Rettich	Raphanus sativus var. niger Pers.
	29. Eissalat	Lactuca sativa ssp. capitata
	30. Stangenbohne	Phaseolus vulgaris L. var. vulgaris
	31. Broccoli	Brassica oleracea L.
	32. Blumenkohl	Brassica oleracea var. botrytis L.

4. Obst

Legende:
O: erwähnt im Capitulare
! ähnliche Verwendung im Altertum

O!	1. Apfel (in Sorten)	Sammelart: Malus sylvestris Mill.
O	2. Pflaumen, Zwetschen (in Sorten)	Prunus domestica L.
	3. Schwarze Johannisbeere	Ribes nigrum L.
	4. Erdbeere	Fragaria grandiflora DC
	5. Rote Johannisbeere	Ribes rubrum L.
	6. Stachelbeere	Ribes uva-crispa L.
!	7. Rhabarber	Rheum rhabarbarum L.
O!	8. Birne (in Sorten)	Pyrus communis L. em. Gaertn.
	9. Fliederbeere	Sambucus nigra L.
	10. Himbeere	Rubus idaeus L.
	11. Sauerkirsche, Schattenmorelle	Prunus cerasus L.
	12. Weinrebe	Vitis vinifera L.
	13. Hasel	Corylus avellana L.
O	14. Süßkirsche	Prunus avium L.
	15. Brombeere	Rubus armeniacus Focke
	16. Mirabellen, Kreiken, Reneclauden	Prunus insititia Just.
O!	17. Quitte	Cydonia oblonga Mill.
	18. Weiße Johannisbeere	Ribes rubrum L.
	19. Jostabeere	Ribes x nidigrolaria R. et A. Bauer
	20. Walnuß	Juglans regia L.

Reihenfolge jeweils nach Häufigkeit des Vorkommens

5. Ziergehölze (Bäume, Sträucher) und Farne

Legende:
O erwähnt im Capitulare
! ähnliche Verwendung im Altertum

A	1.	Fliederstrauch (und Hybriden)	Syringa vulgaris L.
N	2.	Forsythie	Forsythia x intermedia Zab.
A	3.	Buchsbaum	Buxus sempervirens L.
N	4.	Polyantharose (in Sorten)	Rosa polyantha Sieb. et Zucch.
A	5.	Eibe	Taxus baccata L.
(A)	6.	Garten-Hortensie	Hydrangea macrophylla (Thunb.) Ser.
(A)	7.	Rhododendron (in Arten und Sorten)	Rhododendron spec.
(A)	8.	Blut-Johannisbeere	Ribes sanguineum Pursh
N	9.	Edelrose (in Sorten)	Rosa x odorata (Andr.) Sweet hybrid. und R. chinensis Jacqu. hybr.
A	10.	Falscher Jasmin (in Sorten)	Philadelphus coronarius L.
(A)	11.	Mahonie (Stechhulst)	Mahonia aquifolium Nutt.
A	12.	Weißdorn	Crataegus spec.
A	13.	Japanische Quitte	Chaenomeles japonica (Thunb.) Ldl.
A	14.	Berg-Kiefer	Pinus mugo Turra
(A)	15.	Warzen-Birke	Betula pendulina Roth.
A	16.	Gemeine Fichte	Picea abies (L.) Karst.
(A)	17.	Lebensbaum	Thuja occidentalis L.
	18.	Kletterrosen-Hybriden	Rosa multiflora hybrid.
(A)	19.	Liguster	Ligustrum vulgare L.
(A)	20.	Esche	Fraxinus excelsior L.
(A)	21.	Sommerlinde	Tilia platyphyllos Scop.
(A)	22.	Mandelbäumchen	Prunus triloba Ldl.
N	23.	Ranunkelstauch	Kerria japonica (L.) DC

Reihenfolge jeweils nach Häufigkeit des Vorkommens

Neue Bauerngartenflora (1989) für Schleswig-Holstein

N	24. Zwerg-Polyantharose	Rosa polyantha hybrid.
A	25. Deutzien-Hybriden	Deutzia spec.
A	26. Goldregen	Laburnum anagyroides Med.
(A)	27. Roßkastanie	Aesculus hippocastanum L.
A	28. Schneeball	Viburnum opulum L. fl. pl.
A	29. Wacholder	Juniperus communis L.
N	30. Waldrebe (in Sorten)	Clematis spec.
A	31. Jelängerjelieber	Lonicera periclymenum L.
A	32. Schneebeere	Symphoricarpus albus (L.) Blake
A	33. Efeu	Hedera helix L.
N	34. Fingerstrauch	Potentilla fruticosa L.
N	35. Blaufichte	Picea pungens Engelm.
	36. Kirschlorbeer	Prunus laurocerasus L.
A	37. Wurmfarn	Dryopteris filix-mas (L.) Schott
N	38. Kartoffelrose	Rosa rugosa Thunb.
A	39. Stechpalme	Ilex aquifolium L.
N	40. Blut-Hasel	Corylus avellana „Fuscorubra" Kirchn.
N	41. Korkenzieher-Hasel	Corylus avellana. „Contorta"
N	42. Japanische Kirsche (in Arten)	Prunus spec.
! A	43. Lavendel	Lavandula angustifolia Mill.
A	44. Zentifolie (Hundertblättrige)	Rosa centifolia L.
N	45. Teppich-Zwergmispel	Cotoneaster dammeri Schneid.
N	46. Blut-Berberitze	Berberis thunbergii D.C., „Atropurpurea"
(A)	47. Eberesche	Sorbus aucuparia L.
N	48. Feuerdorn	Pyracantha coccinea M.J. Roem.
(A)	49. Rispen-Hortensie	Hydrangea paniculata Sieb.
! A	50. Weiße Rose	Rosa alba L.
N	51. Wichura-Rose	R. wichuraiana Crep.
N	52. Zwergmispel	Cotoneaster x wateri hybrid.
(A)	53. Besen-Ginster	Sarothamnus scoparius (L.) Wimm.
(A)	54. Hainbuche	Carpinus betulus L.

Reihenfolge jeweils nach Häufigkeit des Vorkommens

Neue Bauerngartenflora (1989) für Schleswig-Holstein

N	55. Blut-Pflaume, Kirschpflaume	Prunus cerasifer Ehrh. „Atropupurea“
N	56. Garten-Azalee (in Arten und Sorten)	Rhododendron spec.
A	57. Dornfarn	Dryopteris carthusiana H. P. Fuchs (Vill.) H. P. Fuchs
N	58. Sommerflieder, Schmetterlingsstrauch (in Sorten)	Buddleja davidii Franch.
N (A)	59. Tatarischer Hartriegel	Cornus alba L.
A	60. Lärche	Larix decidua Mill.
N	61. Niedriger Spierstrauch	Spiraea x bumalda Burvenich
A	62. Weidenblättriger Spierstrauch (Teebusch)	Sp. salicifolia L.
A	63. Weigelie	Weigela hybrida
N	64. Berberitze	cf. Berberis julianae Schneid.
N	65. Roter Hartriegel	Cornus sanguinea L.
N	66. Lawsons Scheinzypresse	Chamaecyparis lawsoniana (A. Murr.) Parl.
A	67. Seidelbast (Pfefferstrauch)	Daphne mezereum L.
A	68. Weißer (ulmenblättriger) Spierstrauch	Spiraea chamaedryfolia L. em Jacq.
(A)	69. Feld-Ahorn	Acer campestre L.
N	70. Echter Jasmin	Jasminum nudiflorum Lindl.
A	71. Wald-Kiefer	Pinus silvestris L.
	72. Pfaffenhütchen	Euonymus europaeus L.
N	73. Straußfarn	Matteuccia struthiopteris (L.) Tod.
A	74. Pimpinell-Rose	Rosa pimpinellifolia L.
O A	75. Rote (gallische) Rose (in Sorten)	Rosa gallica L.
(A)	76. Rotdorn	Crataegus laevigata (Poir.) DC „Paulii“
(A)	77. Trauer-Weide	Salix alba L. „Tristis“
(A)	78. Jungfernrebe	Parthenocissus quinquefolia (L.) Planch.

Reihenfolge jeweils nach Häufigkeit des Vorkommens

Inhaltsverzeichnis